Maëlle Carraz

Tazopsine et dérivés actifs contre le stade hépatique de Plasmodium

Maëlle Carraz

Tazopsine et dérivés actifs contre le stade hépatique de Plasmodium

Isolement, structure et dérivations chimiques de nouveaux alcaloïdes antimalariques

Presses Académiques Francophones

Impressum / Mentions légales

Bibliografische Information der Deutschen Nationalbibliothek: Die Deutsche Nationalbibliothek verzeichnet diese Publikation in der Deutschen Nationalbibliografie; detaillierte bibliografische Daten sind im Internet über http://dnb.d-nb.de abrufbar.

Alle in diesem Buch genannten Marken und Produktnamen unterliegen warenzeichen-, marken- oder patentrechtlichem Schutz bzw. sind Warenzeichen oder eingetragene Warenzeichen der jeweiligen Inhaber. Die Wiedergabe von Marken, Produktnamen, Gebrauchsnamen, Handelsnamen, Warenbezeichnungen u.s.w. in diesem Werk berechtigt auch ohne besondere Kennzeichnung nicht zu der Annahme, dass solche Namen im Sinne der Warenzeichen- und Markenschutzgesetzgebung als frei zu betrachten wären und daher von jedermann benutzt werden dürften.

Information bibliographique publiée par la Deutsche Nationalbibliothek: La Deutsche Nationalbibliothek inscrit cette publication à la Deutsche Nationalbibliografie; des données bibliographiques détaillées sont disponibles sur internet à l'adresse http://dnb.d-nb.de.

Toutes marques et noms de produits mentionnés dans ce livre demeurent sous la protection des marques, des marques déposées et des brevets, et sont des marques ou des marques déposées de leurs détenteurs respectifs. L'utilisation des marques, noms de produits, noms communs, noms commerciaux, descriptions de produits, etc, même sans qu'ils soient mentionnés de façon particulière dans ce livre ne signifie en aucune façon que ces noms peuvent être utilisés sans restriction à l'égard de la législation pour la protection des marques et des marques déposées et pourraient donc être utilisés par quiconque.

Coverbild / Photo de couverture: www.ingimage.com

Verlag / Editeur:
Presses Académiques Francophones
ist ein Imprint der / est une marque déposée de
AV Akademikerverlag GmbH & Co. KG
Heinrich-Böcking-Str. 6-8, 66121 Saarbrücken, Deutschland / Allemagne
Email: info@presses-academiques.com

Herstellung: siehe letzte Seite /
Impression: voir la dernière page
ISBN: 978-3-8381-7074-9

Préface

Le paludisme est la plus meurtrière des maladies parasitaires ; elle est responsable de 300 millions de cas et 2 millions de décès par an. Elle résulte d'une infection par des parasites protozoaires du genre *Plasmodium* parmi lesquels *P. falciparum* est l'espèce la plus répandue et la plus meurtrière. L'émergence des résistances de ces parasites aux médicaments classiques ciblant leur développement érythrocytaire nécessite l'identification de nouvelles molécules présentant des structures et des cibles cellulaires originales.

Dans le cadre d'un criblage de plantes utilisées en médecine traditionnelle malgache pour combattre le paludisme, nous avons sélectionné une plante endémique *Strychnopsis thouarsii* (Menispermaceae), dont la préparation traditionnelle sous forme de décoction présente l'originalité d'être active sur le développement hépatique de *Plasmodium*. Le fractionnement bio-guidé des extraits de cette plante nous a permis d'isoler la tazopsine, un morphinane de structure originale, en quantité très majoritaire dans la préparation traditionnelle, ainsi que deux autres analogues actifs: la sinococuline et l'épi-tazopsine. Ces morphinanes inhibent totalement le développement hépatique de *Plasmodium yoelii* dans des cultures primaires d'hépatocytes de souris et l'activité de la tazopsine a également pu être validée *in vitro* dans le modèle *P. falciparum* /hépatocytes humains et *in vivo* chez la souris, prévenant à 70% leur infection par des sporozoïtes de *P. yoelii*.

Des études complémentaires de relations structure – activité nous ont conduit à l'optimisation pharmacochimique de la tazopsine en *N*-cyclopentyl-tazopsine (NCP-tazopsine), un dérivé hémisynthétique plus sélectif sur les modèles *in vitro* *P. yoelii* /hépatocytes murins et *P. falciparum* /hépatocytes humains ainsi que chez la souris. *In vivo*, la NCP-tazopsine prévient à 100% l'infection des souris par des sporozoïtes de *P. yoelii*. De plus, nous avons pu montrer que cette molécule agit spécifiquement sur les formes intrahépatiques de *P. yoelii in vivo* et de *P. falciparum in vitro*. L'identification de nouvelles molécules telles la tazopsine et ses dérivés est une découverte majeure aussi bien dans une perspective prophylactique du paludisme que d'un point de vue fondamental pour la compréhension des mécanismes moléculaires impliqués lors du stade hépatique de *Plasmodium*.

Table des Matières
Introduction

INTRODUCTION

I. Epidémiologie du paludisme

Présent dans une centaine de pays, le paludisme est la maladie parasitaire la plus répandue dans le monde. En 2004, on estime que plus de 50% de la population mondiale est exposée au paludisme, soit une augmentation de 10% par rapport aux dix années précédentes (Hay S.I. *et al.*, 2004). Les régions à risque s'étendent principalement dans la zone intertropicale (figure 1) où les températures élevées, la forte humidité, et l'abondance des pluies sont autant de facteurs favorisant la prolifération des moustiques vecteurs et par conséquent la transmission de la maladie.

Le paludisme cause chaque année 300 à 500 millions de nouveaux cas et environ 2 millions de morts dont 90% concernent les populations d'Afrique subsaharienne et majoritairement les enfants de moins de 5 ans (WHO, 2002). Cette disproportion est imputable, en partie, à la prévalence dans cette région de l'espèce parasitaire la plus pathogène, *Plasmodium falciparum*, mais aussi à l'inaccessibilité financière des traitements existants. Ces traitements deviennent par ailleurs inefficaces par le développement progressif des souches parasitaires résistantes.

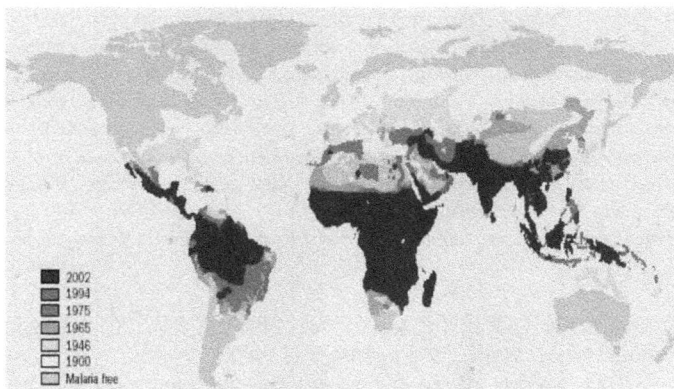

Figure 1 : Evolution de la répartition géographique du paludisme dans le monde de 1900 à nos jours (Hay S.I. *et al.*, 2004)

L'agent pathogène du paludisme, identifié par Laveran en 1880, est un protozoaire intracellulaire appartenant à l'embranchement des *Sporozoaires* (ou *Apicomplexa*), à l'ordre des *Haemosporidideae* et au genre *Plasmodium*. Le cycle parasitaire de *Plasmodium* dépend pour sa survie de deux hôtes successifs. Le premier, ou hôte intermédiaire, est un vertébré (mammifère, oiseau, reptile…) dans lequel le parasite effectue une série de multiplications asexuées nécessaires à son développement. Le second, ou hôte définitif, est un moustique femelle du genre *Anopheles* (pour les mammifères), dans lequel il effectue sa multiplication sexuée et dont l'implication comme vecteur de la transmission a été montrée indépendemment par Ross et Grassi en 1897.

1

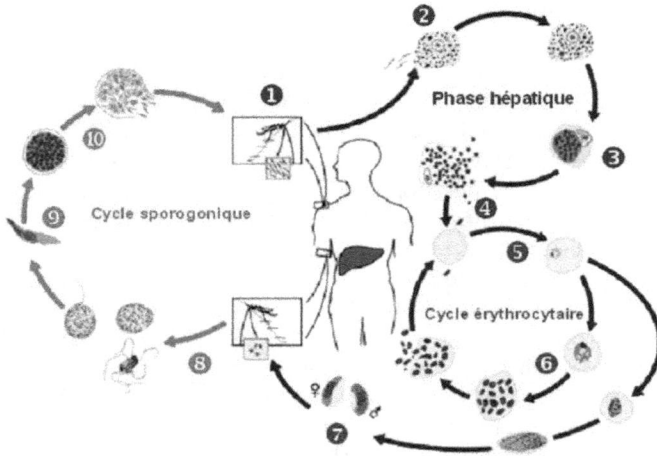

Figure 2 : Cycle parasitaire de *Plasmodium falciparum*

L'anophèle inocule des sporozoïtes dans la circulation sanguine de l'hôte (1). Ces sporozoïtes infectent les hépatocytes et se différencient en schizontes puis en mérozoïtes (2-4). Les mérozoïtes migrent ensuite dans la circulation sanguine et se multiplient dans les hématies (5-6). Certains parasites sanguins se différencient en formes sexuées, les gamétocytes (7). Les gamétocytes mâles (microgamètes) et femelles (macrogamètes) sont ingérés par un anophèle lors de son repas sanguin et fécondent dans son estomac (8).

Les zygotes résultant de cette fécondation subissent une méiose et les formes mobiles asexuées résultantes (ookinètes) migrent dans la paroi intestinale du moustique et s'y développent en oocystes (9). A maturation, les oocystes éclatent et libèrent des milliers de sporozoïtes infectieux dans les glandes salivaires du moustique (10)

Le fait que seule la femelle soit hématophage s'explique par son besoin en protéines sanguines nécessaires à l'accomplissement de son cycle ovogénique. Il existe plus de 300 espèces d'anophèles, environ 60 sont vectrices d'espèces de *Plasmodium* pouvant infecter l'homme. Le cycle de multiplication du *Plasmodium* dans l'hôte vertébré débute par la piqûre d'un anophèle infesté lors de la prise de son repas sanguin (figure 2). Les sporozoïtes, formes résultantes de la multiplication sexuée du parasite dans l'anophèle s'accumulent dans ses glandes salivaires et sont alors injectés dans la peau de l'hôte. Ils atteignent en 1 minute le foie où débute une phase asymptomatique de multiplication, appelée phase hépatique, découverte par Shortt et Garnham en 1948 (Shortt H.E., Garnham P.C.C., 1948; Shortt H.E. *et al.*, 1951). Lors de cette première phase, ne durant que quelques jours, les sporozoïtes se transforment en schizontes hépatiques (éléments plurinucléés) qui à maturité éclatent, libérant des mérozoïtes, formes uninucléées initiatrices de la phase érythrocytaire. Cette deuxième phase cyclique, s'effectue dans les hématies. La lyse des hématies parasitées ainsi que la libération du pigment malarique (l'hémozoïne) sont responsables des manifestations cliniques de la maladie (fièvres et anémies). A ce stade, certains parasites sanguins peuvent se différencier en formes sexuées mâles et femelles, les gamétocytes qui, une fois absorbés par le moustique, poursuivent le cycle reproductif du parasite.

Le genre *Plasmodium* compte plus d'une centaine d'espèces (172 espèces répertoriées), spécifiques de leur hôte vertébré. Cependant, un hôte donné peut être infecté par différentes espèces de parasites, de virulence variable. Aussi, parmi les cinq espèces pouvant infecter l'homme : *Plasmodium falciparum, P. vivax, P. ovale, P. malariae* et *P. knowlesi*, la première est la plus pathogène. En effet, l'infection par *P. falciparum* se caractérise en général par de forts taux de parasitémie et par la séquestration des globules rouges parasités dans les organes comme le coeur, les poumons, l'intestin grêle, les reins, la rate et le cerveau, engendrant des dommages irréversibles. La séquestration de *P. falciparum* dans le cerveau peut parfois provoquer le coma, ce phénomène encore appelé neuropaludisme est mortel et fréquent chez les enfants infectés (Holding P.A., Snow R.W., 2001).

Une autre particularité liée à l'espèce est l'existence pour certaines espèces parasitant les primates, de deux types de formes parasitaires dans le foie. En effet, alors que les sporozoïtes de *P. falciparum* se développent classiquement en schizontes hépatiques pendant les 6 jours qui suivent leur inoculation (Fairley N.H., 1945) et pendant 12 jours pour les sporozoïtes de *P. malariae*, ceux de *P. vivax* et de *P. ovale* coexistent sous deux formes : une première population de sporozoïtes se développe activement pendant les 8 premiers jours de l'infection, tandis qu'une deuxième population de sporozoïtes pénètre dans les hépatocytes et y demeure latente, sous la forme d'hypnozoïtes (Krotoski W.A., 1985). Cette période de latence est variable et peut durer plusieurs mois ou plusieurs années, jusqu'à ce que ces formes uninucléées se développent en schizontes pré-érythrocytaires, capables d'induire une infection érythrocytaire.

II. Les médicaments antipaludiques actuels

Les moyens de lutte contre le paludisme regroupent ceux qui visent les moustiques vecteurs (lutte anti-vectorielle) et ceux qui visent les parasites dans le moustique ou dans l'hôte lors des différentes phases de multiplication (lutte chimiothérapeutique). La lutte chimiothérapeutique regroupe les médicaments capables de tuer les parasites lors de leur développement précoce dans le foie (schizonticides tissulaires) et ceux qui sont capables de tuer les parasites lors de leur multiplication dans les hématies (schizonticides sanguins).

Les symptômes du paludisme étant directement associés au développement des parasites dans les hématies, le traitement de ces symptômes nécessite donc des schizonticides sanguins. En revanche, la prévention de l'apparition de ces symptômes, peut se faire soit par un traitement préventif par un schizonticide sanguin permettant la suppression des parasites dès leur apparition dans le sang (prophylaxie suppressive), soit par un traitement par un schizonticide tissulaire, éliminant le développement des parasites dans le foie et prévenant ainsi toute apparition des parasites dans le sang (prophylaxie causale).

1. Principaux schizonticides utilisés dans le traitement du paludisme

La mise au point dans les années 70 de méthodes semi-automatisées de cultures érythrocytaires de *Plasmodium falciparum* (Trager W., Jensen J.B., 1976; Desjardins R.E. *et al.*, 1979) a considérablement augmenté les possibilités d'évaluation de molécules à ce stade. Toutefois, malgré l'identification d'un large nombre de molécules actives *in vitro*, seule une dizaine sont utilisées en clinique. Autre fait, leur utilisation est menacée par l'apparition de résistance de certaines souches de *Plasmodium* à ces drogues. Aussi, un traitement antipaludique doit désormais tenir compte de l'espèce de *Plasmodium* infestante, du type de résistance généré par cette espèce et de la gravité de l'infection. Dans les cas d'accès palustres simples, les traitements oraux sont préconisés (tableau 1). La chloroquine, une 4-amino-quinoléine (figure 4) développée pendant la seconde guerre mondiale (Loeb R.F. *et al.*, 1946) est encore très utilisée bien que de nombreuses souches de *P. falciparum* y soient aujourd'hui résistantes (figure 3).

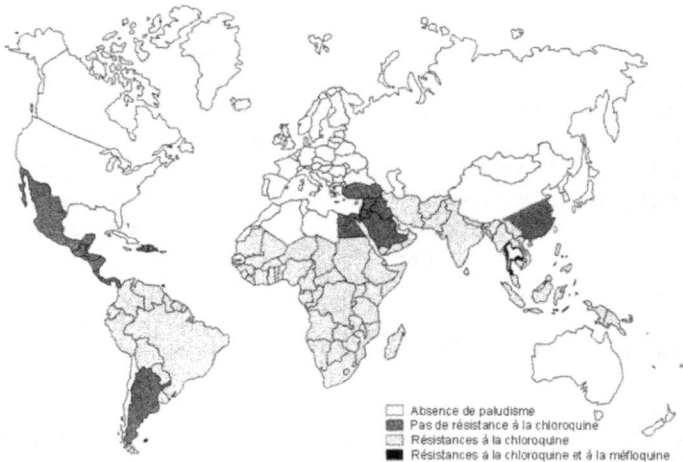

Figure 3 : Zones de résistances aux médicaments antipaludiques (Kain K.C. *et al.*, 2001)

La chloroquine a ensuite été substituée par une combinaison associant deux inhibiteurs du métabolisme des folates, la sulphadoxine et la pyriméthamine (Fansidar®) (figure 4). Cette combinaison, bien tolérée et présentant une bonne biodisponibilité orale, a été largement utilisée dans les années 60 à 80. Aujourd'hui cependant, les forts taux de résistance des parasites *P. falciparum* à cette combinaison limitent son utilisation en dehors de l'Afrique. Depuis les années 80, la méfloquine, un aryl-amino-alcool (figure 4), est également préconisée dans les zones de résistance à la chloroquine (Baird J.K., 2005).

4

Paludisme à accès simples	
ESPECES	**TRAITEMENTS (oraux)**
P. falciparum	
Sensible Chloroquine	Chloroquine
Résistant Chloroquine	Sulfadoxine + Pyriméthamine Sulfadoxine + Pyriméthamine ± Amodiaquine Atovaquone + Proguanil Méfloquine
Résistant Chloroquine et Sulfadoxine + Pyriméthamine	Artésunate + Amodiaquine Artésunate + Luméfantrine
Résistant Chloroquine, Sulfadoxine + Pyriméthamine et Méfloquine	Artésunate + Luméfantrine Dihydroartémisinine + pipéraquine
P. vivax	
Sensible à la Chloroquine et à la Primaquine	Chloroquine + Primaquine
Résistant à la Chloroquine	Méfloquine + Primaquine Halofantrine + Primaquine
Résistant à la Primaquine	Pas de solution
P. ovale	Chloroquine + Primaquine
P. malariae	Chloroquine
Paludisme à accès graves	
Quinine (intra-veineuse) Quinine ou Quinidine + Doxycycline Quinine ou Quinidine + Clindamycine Artéméther (intra-musculaire) Artésunate (intra-veineuse)	

Tableau 1 : Traitements (en mono-, bi- et tri-thérapies) préconisés dans les infections par *Plasmodium*

Toutefois, certaines souches de *P. falciparum* développent également des résistantes. Ces souches sont localisées principalement aux frontières de la Thaïlande avec le Cambodge, de la Thaïlande avec le Myanmar (figure 3) et dans la région amazonienne. D'autre part, l'emploi de la méfloquine est limitée par sa faible tolérance, les troubles psychiques qui lui sont associés (van Riemsdijk M.M. *et al.*, 2002) et le coût du traitement. Récemment, une autre combinaison associant l'atovaquone – proguanil (Malarone®) (figure 4) est employée comme traitement alternatif à la chloroquine (Radloff P.D. *et al.*, 1996). Elle est à la fois bien tolérée et très efficace contre les infections par *P. falciparum*, cependant son coût très élevé limite considérablement son utilisation dans les régions endémiques.

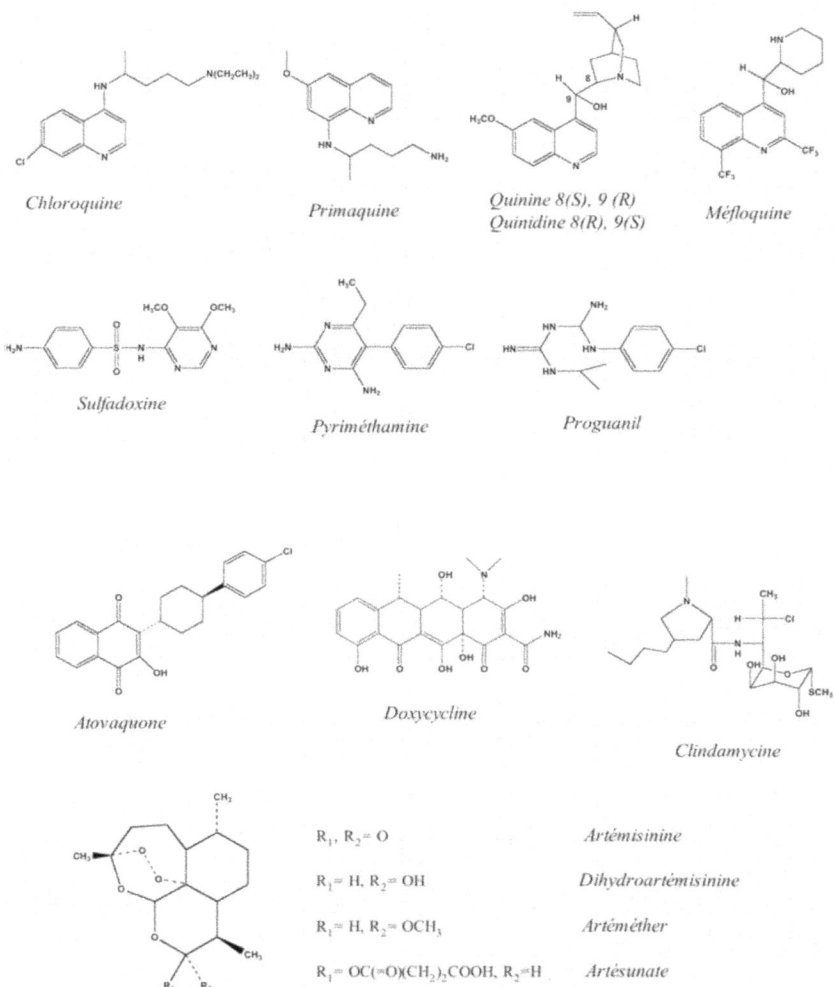

Figure 4 : Structures chimiques des principaux médicaments antipaludiques

Depuis les années 90, des traitements combinant l'artémisinine, une sesquiterpène lactone d'origine naturelle, ou l'un de ses dérivés hémi-synthétiques (figure 4) avec d'autres antipaludiques, tels l'amodiaquine, la luméfantrine et la pipéraquine sont employés dans les zones de multi-résistances. Ces combinaisons à base de dérivés de l'artémisinine (tableau 2), sont regroupées sous l'appellation ACT pour « Artemisinin-based Combinaison Therapy ». Les dérivés de l'artémisinine sont très efficaces (la diminution du nombre de parasites par cycle érythrocytaire peut atteindre un facteur de 104 (White N.J., 1997) et leur utilisation n'engendre pas encore de résistance. Leur demi-vie d'élimination dans l'organisme est très courte - le premier métabolite de ces dérivés est la dihydroartémisinine (figure 4), ayant une demi-vie de 45 minutes (Batty K.T. *et al.*, 1998) - ce qui minimise leur temps d'exposition aux parasites et diminue la pression de sélection de parasites résistants. En revanche, cette courte demi-vie implique un traitement régulier et prolongé (les durées de traitement sont d'au moins 7 jours), peu applicable dans le cadre d'une prophylaxie.

La combinaison artéméther - luméfantrine (Nosten F. *et al.*, 2000; van Vugt M. *et al.*, 2000) est disponible dans les régions endémiques d'Asie et d'Afrique de l'est et est la seule à avoir reçu une autorisation de mise sur le marché au niveau international. Des études réalisées dans le sud-est asiatique ont montré que l'utilisation de la combinaison artésunate - méfloquine diminue la prévalence des parasites résistants à la méfloquine (Nosten F. *et al.*, 2000). Moins chère et d'une grande efficacité, la combinaison dihydroartémisinine - pipéraquine n'est pour l'instant utilisée qu'au Cambodge, en Chine et au Vietnam (Tran T.H. *et al.*, 2004). Une autre ACT comprenant la triple combinaison artésunate – chlorproguanil - dapsone est en projet de développement. Efficace et peu chère, elle serait destinée au marché africain.

Les obstacles majeurs à l'utilisation extensive des ACT sont leur coût (10 fois plus élevé que les monothérapies classiques) et le faible rendement d'extraction de l'artémisinine, composé naturel qui est ensuite dérivé chimiquement. Il est estimé qu'un hectare de culture d'*Artemisia annua* est nécessaire pour produire seulement 2 Kg d'artémisinine (Benoit-Vical F., 2005).

ACT	Pays d'applicabilité
Artéméther- luméfantrine	Internationale
Artésunate- amodiaquine	Afrique
Dihydroartémisinine- pipéraquine	Asie
Artésunate- méfloquine	Asie
Artésunate- sulfadoxine- pyriméthamine	Afrique

Tableau 2 : Combinaisons antipaludiques (ACT)
à base de dérivés de l'artémisinine (Greenwood B.M. *et al.*, 2005)

Pour les infections par *P. vivax* et *P. ovale*, suseptibles de rechutes, le traitement par la chloroquine peut être suivi d'un traitement par la primaquine, une 8-amino-quinoléine (figure 4). La primaquine est le seul schizonticide tissulaire commercialisé, capable d'éradiquer les formes latentes présentes dans le foie (les hypnozoïtes), responsables après plusieurs mois de latence des accès de reviviscence. Dans les régions endémiques, la primaquine est également utilisée pour son activité gamétocide. En effet, l'élimination des formes sanguines sexuées de *Plasmodium*, empêche l'infection des moustiques vecteurs et limitent la transmission. Toutefois, la faible tolérance de la primaquine est un point critique (nausées, douleurs gastriques…). Elle provoque surtout une anémie hémolytique grave chez les sujets déficients en glucose-6-phosphate déshydrogénase (Reeve P.A. *et al.*, 1992). D'autre part, des cas de rechutes ont pu être observés après un traitement à la primaquine et l'hypothèse d'une résistance de certaines souches de *P. vivax* ou *P. ovale* à cette drogue ne peut être écartée (Rombo L. *et al.*, 1987; Smoak B.L. *et al.*, 1997).

Dans les cas d'accès palustres graves, seule l'administration par voie parentérale des médicaments antipaludiques est possible. Bien qu'elle ait été pratiquée dans le passé, l'administration de chloroquine par voie intra-veineuse, responsable de nombreux accidents cardiaques est désormais bannie. En revanche, l'administration de quinine ou de quinidine, selon disponibilité, par voie intra-veineuse reste l'un des traitements les plus efficaces (tableau 1). Leur association avec des antibiotiques (doxycycline, clindamycine) est utilisée dans certaines régions d'Asie où une diminution de la sensibilité des parasites à la quinine est observée. Une autre alternative est l'utilisation des dérivés de l'artémisinine par voie parentérale. A cet effet, des essais cliniques récents ont montré qu'un traitement intra-veineux à l'artésunate est plus efficace qu'un traitement intra-veineux à la quinine (Dondorp A. *et al.*, 2005).

Souches	CHIMIOPROPHYLAXIES (orales)		
	Molécules de première intention	Durées de traitements	Molécules alternatives
Sensibles à la Chloroquine	Chloroquine	• 1 jour PréE • 1 fois/ semaine E • 4 × 7 jours PostE	Mefloquine Doxycycline Atovaquone-Proguanil
Résistantes à la Chloroquine	Méfloquine	• 10 jours PréE • 1 fois/ semaine E • 4 × 7 jours PostE	Atovaquone-Proguanil • 1 jour PréE • 1 fois/ jour E • 7 jours PostE Doxycycline • 1 jour PréE • 1 fois/ jour E • 4 × 7 jours PostE
Résistantes à la Chloroquine et à la Méfloquine	Doxycycline		Atovaquone-Proguanil

Tableau 3 : Traitements préventifs contre les infections par *Plasmodium* (préE= en pré-exposition, E= pendant exposition, PostE= en post-exposition) (Kain K.C. *et al.*, 2001; Suh K.N. *et al.*, 2004)

2. Principaux schizonticides utilisés dans la prévention du paludisme

Les schizonticides employés actuellement dans la prévention du paludisme visent principalement l'inhibition du développement érythrocytaire des parasites et possèdent une demi-vie relativement longue permettant leur suppression dès leur apparition dans le sang. Cependant, le coût, les effets secondaires, la biodisponibilité et l'émergence des résistances liés à l'emploi de ces schizonticides, limitent leur emploi extensif dans le cadre d'une chimioprophylaxie de masse en régions endémiques. La chimiothérapie préventive ne s'adresse donc pour l'instant qu'aux voyageurs séjournant pendant une courte durée dans ces régions. De plus, ce type de chimioprophylaxie nécessite, pour être efficace, une prise régulière des médicaments avant, pendant et après les périodes d'exposition (tableau 3) et les durées de traitement dépendent de la pharmacocinétique des schizonticides recommandés.

Dans les zones de résistance à la chloroquine et à la méfloquine, la combinaison atovaquone – proguanil et la doxycycline sont les plus souvent préconisées (Kain K.C. *et al.*, 2001; Suh K.N. *et al.*, 2004). Bien que l'atovaquone, le proguanil et la doxycycline soient employés en tant que schizonticides suppressifs des formes sanguines de *Plasmodium*, leur effet sur le stade hépatique, comme nous allons le voir, n'est pas exclu et constitue un argument supplémentaire pour leur utilisation en chimioprophylaxie.

Il n'existe donc pas à l'heure actuelle de traitement antipaludique préventif associant l'efficacité contre tout développement parasitaire, y compris sur les souches résistantes et l'absence de toxicité. Le traitement préventif idéal serait l'emploi d'une molécule d'une part de faible coût, disponible pour tous et d'autre part, possédant soit une demi-vie d'élimination suffisamment longue pour minimiser le nombre de prises ou soit une innocuité permettant son administration répétée. Enfin, cette molécule doit minimiser la probabilité d'émergence de résistance en évitant l'exposition répétée des parasites à cette molécule. Une molécule capable d'agir spécifiquement sur le stade hépatique de *Plasmodium*, remplirait une partie de ces conditions.

III. Molécules actives sur le stade hépatique de *Plasmodium* et leur mode d'action

Contrairement au large nombre de molécules connues pour inhiber le développement érythrocytaire de *Plasmodium*, peu ont été identifiées comme actives sur le stade hépatique. Ceci résulte principalement des difficultés techniques rencontrées lors du criblage de molécules à ce stade.

1. Criblage de molécules sur le stade hépatique de *Plasmodium*

L'identification des premiers composés actifs sur les stades pré-érythrocytaires de *Plasmodium* a été effectuée sur des modèles vivants d'animaux (oiseaux, rongeurs et primates). L'activité des composés sur ces modèles est évaluée classiquement selon deux critères principaux, 1) l'absence ou le retard d'apparition d'un développement érythrocytaire de *Plasmodium* suite à une infection par des sporozoïtes et un traitement par le composé à tester pendant le stade hépatique et 2) la détection de schizontes dans le foie par microscopie.

Les outils de biologie moléculaire complémentent aujourd'hui l'observation microscopique et permettent de quantifier grâce à la PCR quantitative, précisément et rapidement la charge parasitaire dans le foie (Hulier E. *et al.*, 1996; Witney A.A. *et al.*, 2001). Alors que les modèles rongeurs permettent des recherches à grande échelle (criblage d'une gamme de concentrations et multiplication du nombre d'individus par groupe de concentration permettant une analyse statistique), les modèles de singes sont limités par le faible nombre d'animaux disponibles et le coût de l'expérimentation. Cependant, seuls certains parasites de singes, tels que *Plasmodium simiovale* et surtout *P. cynomolgi* infectant le singe rhésus, donnent des hypnozoïtes et sont des modèles obligatoires pour l'étude préclinique de molécules potentiellement actives contre l'infection par *P. vivax* chez l'homme (Eyles D.E., Coatney G.R., 1962; Schmidt L.H., 1983).

Le développement d'un modèle expérimental *in vitro* présente un grand intérêt dans la mesure où il permet l'observation directe et l'étude quantitative des parasites intra-hépatiques tout en s'affranchissant des expérimentations animales, du mode d'administration des drogues et de la réalisation de coupes histologiques, augmentant ainsi les possibilités de criblage. Les premières réalisations de cultures hépatiques de *Plasmodium* de mammifères remontent à 1976 avec l'observation de corps intra-cytoplasmiques dans des cellules humaines embryonnaires de foie, mises en culture et infectées par des sporozoïtes de *P. vivax* (Doby J.M., Barker R., 1976). En 1979, on réussit à faire pénétrer et maturer des sporozoïtes de *Plasmodium berghei* dans des cellules cérébrales et hépatiques embryonnaires de rat et dans des cellules cérébrales embryonnaires de dinde (Strome C.P.A. *et al.*, 1979; Sinden R.E., Smith J., 1980). En 1981, des études d'infection de *P. berghei* dans différents types cellulaires conduisent à l'accomplissement du cycle de développement de *P. berghei* jusqu'à la libération de mérozoïtes infestants dans la lignée de pneumocytes W138 d'embryons humains particulièrement sensibles à l'infection (Hollingdale M.R. *et al.*, 1983). Le développement complet de *P. berghei* est ensuite obtenu dans les hépatocytes primaires de rat et de souris (Pirson P., 1982; Davies C.S. *et al.*, 1989).

Les premières cultures de schizontes de *Plasmodium* dans des hépatocytes adultes sont réalisées en 1981 avec l'espèce *yoelii* d'abord dans des cultures primaires d'hépatocytes de rat (Lambiotte M. *et al.*, 1981), puis dans des cultures primaires d'hépatocytes de *Thamnomys gazellae*, rongeur proche de *Thamnomys rutilans*, l'hôte africain naturel de *P. yoelii*, dans lesquelles le cycle complet du parasite a été obtenu (Mazier D. *et al.*, 1982). Les techniques établies pour les plasmodies murines ont ensuite servi à cultiver des espèces humaines, telles que *P. vivax* dans des hépatocytes humains (Mazier D. *et al.*, 1984) et dans des hépatomes (Hollingdale M.R. *et al.*, 1986), *P. falciparum* dans des hépatocytes humains (Smith J.E. *et al.*, 1984; Mazier D. *et al.*, 1985), *P. ovale* dans des hépatocytes humains (Mazier D. *et al.*, 1987) et *P. malariae* dans des hépatocytes de singe (Millet P. *et al.*, 1988).

Les premiers criblages de composés dans des primo-cultures d'hépatocytes adultes sont effectués dans des cultures d'hépatocytes de *T. gazellae* infectées par *P. yoelii* (souche 265 BY) et traitées par des dérivés de la primaquine, la pyriméthamine, la chloroquine, la méfloquine, la colchicine et ses analogues (Millet P. *et al.*, 1985; Millet P. *et al.*, 1986). Seuls les dérivés de la primaquine et la pyriméthamine montrent alors une activité à ce stade.

Le seul modèle *in vitro* reproduisant le stade hépatique de *P. falciparum* reste à l'heure actuelle l'infection de primo-cultures d'hépatocytes humains adultes par des sporozoïtes. On conçoit aisément les problèmes que pose un tel modèle : d'une part par l'obstacle que représente la réalisation de cultures primaires d'hépatocytes humains à partir de biopsies humaines et d'autre part, par les précautions nécessaires à la manipulation de moustiques véhiculant des sporozoïtes infestants de *P. falciparum*. L'obtention de sub-cultures d'hépatocytes humains faciliterait indéniablement le criblage des molécules mais n'a pas encore été décrite. Quelques lignées cellulaires, notamment les hépatomes HepG2, permissifs à *P. berghei* et *P. vivax*, ont été utilisées pour l'étude de l'invasion des cellules par les sporozoïtes de *P. falciparum*, mais le développement intra-hépatique des schizontes de *P. falciparum* n'a jamais été obtenu dans ce type de cellule.

2. Principaux composés actifs sur le stade hépatique de *Plasmodium*

L'efficacité antipaludique de plusieurs molécules, notamment en prophylaxie, avait été constatée sur des modèles animaux, avant que la démonstration de leur activité sur le stade hépatique de *Plasmodium* (identifié en 1948) n'ait été effectuée. Depuis, leur activité inhibitrice sur le développement hépatique de *Plasmodium* a été confirmé en culture et/ou chez l'animal. Parmi elles, la primaquine et quelques dérivés sont les seules molécules utilisées en thérapie.

a. Les 8-aminoquinoléines

Le développement des 8-aminoquinoléines part de l'observation en 1891 par Paul Ehrlich de la coloration spécifique des tissus le bleu de méthylène (Greenwood D., 1995). Des analogues structuraux au bleu de méthylène ont alors été synthétisés, conduisant en 1920 à la découverte de la première 8-aminoquinoléine, la pamaquine (figure 5), efficace à la fois en prévention des rechutes dues à l'infection par *P. vivax* et comme inhibiteur de la transmission (Brueckner R.P. *et al.*, 2001). Des études plus approfondies, notamment en vue de diminuer la toxicité de la pamaquine, ont été menées dans les années 50. Ces travaux ont conduit à la synthèse de la primaquine qui demeure encore aujourd'hui le composé de référence de la classe des 8-aminoquinoléines. Les propriétés antipaludiques de la primaquine sont vastes puisqu'elle est active à tous les stades parasitaires. Elle tue les formes sanguines asexuées de *P. vivax* (Arnold J. *et al.*, 1961; Pukrittayakamee S. *et al.*, 1994), possède des propriétés gamétocides et sporonticides sur *P. falciparum* (Jeffery G.M. *et al.*, 1956; Rieckmann K.H. *et al.*, 1969) et potentialise l'effet de la chloroquine sur le stade érythrocytaire de *P. yoelii* (Peters W., Robinson B.L., 1993). Bien que son mécanisme d'action reste inconnu, plusieurs observations faites par microscopie rapportent que la primaquine induit une modification de la membrane du mitochondrion des parasites. Cet effet a été observé aussi bien sur les parasites intra-hépatiques de *P. yoelii* (Boulard Y. *et al.*, 1983) et de *P. berghei* (Howells R.E., 1970) que sur les gamétocytes de *P. falciparum* (Lanners H.N., 1991).

Les 8-aminoquinoléines sont les seules molécules connues pour inhiber les hypnozoïtes de *Plasmodium* et la primaquine est la seule à être commercialisée à cet effet. Bien que sa toxicité et sa demi-vie très courte (environ 5 heures) (Nora M.V. *et al.*, 1987) limitent son utilisation extensive en prophylaxie, elle est utilisée en pratique en prévention des rechutes, après un séjour dans une région infestée par *P. vivax* ou *P. ovale*. L'inhibition de la primaquine sur les schizontes intra-hépatiques de *P. falciparum* et *P. vivax* a été établie aussi bien au laboratoire (*in vitro* et *in vivo*) qu'en clinique (Brossi A. *et al.*, 1987; Fryauff D. *et al.*, 1995). Cependant, une dose de 30 mg de primaquine prise avant l'infection, 1 jour après ou au-delà de 3 jours après une infection par *P. falciparum*, n'a pas d'effet. En revanche, la protection est totale quand la même dose de primaquine est administrée de 2 à 3 jours après l'infection par les sporozoïtes (Arnold J. *et al.*, 1955; Powell R.D., Brewer G.J., 1967), ce qui signifie que l'action de la primaquine sur le stade hépatique s'effectue pendant une durée courte, de deux à trois jours après l'infection. Or dans des conditions naturelles d'exposition, le moment de l'inoculation des sporozoïtes n'est pas connu, et la demi-vie très courte de la primaquine impliquerait pour une prophylaxie efficace, un traitement journalier pendant toute la période d'exposition. Ces résultats ainsi que les problèmes d'hémolyse liés à l'utilisation de la primaquine ont motivé la recherche dès les années 70, de dérivés plus sélectifs et de demi-vie plus longue. Parmi les analogues synthétisés, la majorité présente soit des modifications de la chaîne amino-alkyle, soit des alkylations en positions 2, 3, 4 ou 5 du noyau quinoléine (Figure 5). Les études des relations structure-activité de la primaquine sur le développement hépatique de *Plasmodium in vivo* (Peters W. *et al.*, 1975; Schmidt L.H., 1983; Shao B., Ye X., 1991) et *in vitro* (Brossi A. *et al.*, 1987; Brossi A. *et al.*, 1987; Fisk T.L. *et al.*, 1989) ont alors établi que la présence de substituants en position 2 de la primaquine, l'ajout d'un groupement méthyle en position 4 et la présence d'un groupement phénoxyle en position 5 augmentent la sélectivité de la primaquine.

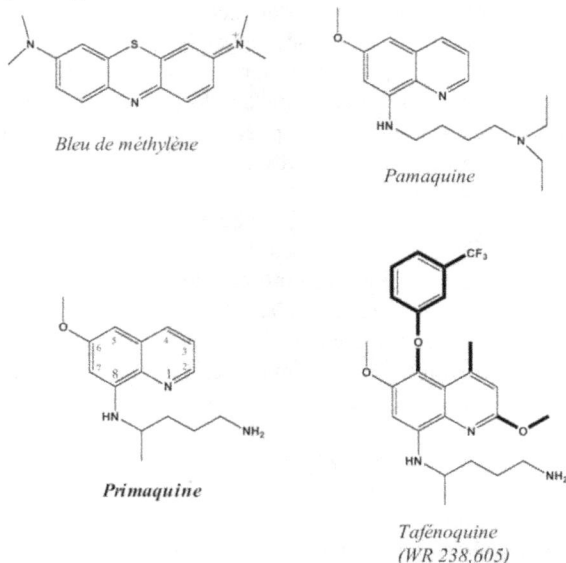

Bleu de méthylène

Pamaquine

Primaquine

Tafénoquine
(WR 238,605)

Figure 5 : Exemples de 8-aminoquinoléines actives sur le stade hépatique de P*lasmodium*

La combinaison de ces informations a conduit récemment à la synthèse du dérivé WR 238,605, nommé tafénoquine (Figure 5) (Brueckner R.P. *et al.*, 1998). En plus d'être moins toxique, la tafénoquine possède une demi-vie de 14 jours, soit environ 60 fois plus longue que celle de la primaquine, rendant son emploi plus approprié en prophylaxie bien que le problème d'hémolyse ait été rencontré chez les individus déficients pour la G_6PD. Des études cliniques en Thaïlande ont montré que la tafénoquine est efficace contre les rechutes provoquées par *P. vivax* (Walsh D.S. *et al.*, 1999). D'autres études cliniques effectuées au Gabon et au Kenya ont montré son efficacité en traitement prophylactique dans une région à prévalence en *P. falciparum* (Lell B. *et al.*, 2000; Shanks G.D. *et al.*, 2001). Gamétocide et sporonticide comme la primaquine, la tafénoquine est de plus 5 à 15 fois plus active sur le stade sanguin de *P. falciparum* (Peters W., Robinson B.L., 1993). La principale limite à son utilisation extensive en zone endémique vient de son activité schizonticide sur les formes sanguines de *Plasmodium* associée à sa longue demi-vie, favorisent l'exposition de nouveaux parasites infestants à cette drogue et augmente l'émergeance des résistances.

b. Les antibiotiques

Comme d'autres parasites de la famille des Apicomplexa, *Plasmodium* contient une organelle, encore appelé apicoplaste, vestige d'une endosymbiose entre une algue microscopique et le parasite. Cet apicoplaste intègre un génome circulaire de 35 kb de type procaryote, possédant ses propres systèmes de réplication et de transcription. Plus de 10% des gènes nucléaires de *P. falciparum* codent pour les 466 protéines identifiées comme probablement liées à l'apicoplaste (Zuegge J. *et al.*, 2001; Foth B.J. *et al.*, 2003). L'activité de l'apicoplaste, essentielle pour le parasite, intervient dans la synthèse des isoprénoïdes et des acides gras, composants essentiels de la membrane plasmodiale et dans la synthèse de protéines impliquant un système transcriptionnel de type procaryote. Le criblage d'antibiotiques naturels ou synthétiques comme antipaludiques capables d'inhiber sélectivement les fonctions du parasite, sans toucher celles des cellules hôtes eucaryotes apparaît donc comme une stratégie intéressante. Cette classe comprend la majorité des molécules ayant été évaluées sur le stade hépatique de *Plasmodium*, après les 8- aminoquinoléines.

L'azithromycine (figure 6) est un dérivé hémi-synthétique de l'érythromycine A, un macrolide produit par *Saccharopolyspora erythraea*. Son activité sur les formessanguines de *Plasmodium* aussi bien *in vitro* que *in vivo* a largement été décrite (Gingras B.A., Jensen J.B., 1992; Andersen S.L. *et al.*, 1995). Le mécanisme d'action l'inhibition de la synthèse des protéines au niveau de la grande sous-unité 50S du ribosome bactérien, *via* une interaction spécifique des macrolides avec les bases du domaine V de l'ARNr 23S, au coeur de la fonction peptidyl-transférase (Douthwaite S., 1992). L'azithromycine est également très active *in vivo* sur le stade hépatique de *P. yoelii*.

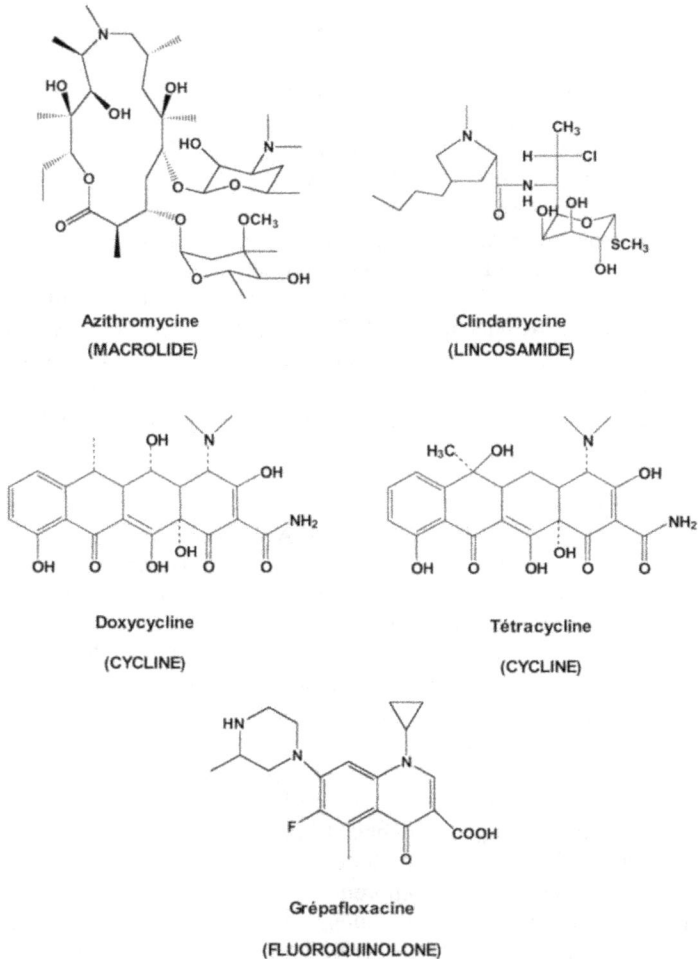

Figure 6 : Antibiotiques actifs sur le stade hépatique de *Plasmodium*

Administrée à des souris par voie orale à la dose de 50 mg/Kg (4 doses) pendant le stade préérythtocytaire, l'azithromycine protège totalement les souris de l'infection par les sporozoïtes, tandis que l'érythromycine est sans effet. De plus, des études récentes ont montré l'effet synergique de l'azithromycine avec d'autres inhibiteurs du stade hépatique comme la pyriméthamine et la sulfadoxine (Neerja J., Puri S.K., 2004).

D'autres classes d'antibiotiques comme le chloramphénicol, la lincomycine ou la clindamycine sont connus pour se fixer de manière compétitive avec les macrolides sur la sous-unité 50S du ribosome bactérien. La clindamycine (Figure 6), appartenant à la classe des lincosamides, est un antibiotique semi-synthétique chloré préparé à partir de la lincomycine. Chez la souris, une dose de 10 mg/Kg, administrée par voie sous-cutanée, 3 heures après inoculation par les sporozoïtes de *P. yoelii*, prévient complètement l'infection (Peters W. *et al.*, 1975).

Une autre classe d'antibiotiques, les cyclines, se liant à la petite sous-unité 30S du ribosome bactérien, empêchent la fixation des ARNt aminoacylés au site A du ribosome et inhibent ainsi la synthèse des protéines en amont (Chopra I., Roberts M., 2001). La tétracycline (figure 6), produite par *Streptomyces aureofaciens*, est également active sur le stade hépatique de *P. yoelii*. Une dose de 30 mg/Kg de tétracycline administrée par voie souscutanée, 3 heures après l'inoculation des sporozoïtes suffit à protéger les souris contre l'infection (Peters W. *et al.*, 1975). L'activité d'une autre cycline semi-synthétique, la doxycycline (figure 6), a également été évaluée sur le stade hépatique de *Plasmodium*. La doxycycline tue les parasites intra-hépatiques de *P. yoelii* et *P. berghei* dans des cultures primaires d'hépatocytes de souris à partir d'une concentration de 64 µM. L'inhibition de la doxycycline s'exerce aux premiers stades de développement des parasites et non sur les schizontes hépatiques matures. *In vivo*, une dose de 40 mg/Kg de doxycycline administrée par voie intra-veineuse au moment de l'inoculation par les sporozoïtes de *P. yoelii*, protège totalement les souris contre l'infection (Marussig M. *et al.*, 1993). En revanche, les essais cliniques de la doxycycline en prophylaxie causale chez l'homme se révèlent décevants : l'administration orale de 100 mg par jour de doxycycline ne suffit pas à protéger les volontaires non immuns contre une infection par *P. falciparum* (Shmuklarsky M.J. *et al.*, 1994).

La classe des quinolones, incluant les fluoroquinolones synthétiques, inhibent la réplication de l'ADN bactérien en perturbant le degré de surenroulement de l'ADN double brin catalysé par des enzymes de type topoisomérase (figure 7). Alors que certaines fluoroquinolones sont plus affines pour la topoisomérase II (ADN gyrase), d'autres ciblent plutôt la topoisomérase IV (Walsh C., 2003). Dans les deux cas, l'accumulation d'un complexe ternaire fluoroquinolone/enzyme/ADN simple brin est observée, inhibant la progression de la réplication de l'ADN aussi bien chez la bactérie que chez *P. falciparum* (Weissig V. *et al.*, 1997). Une série de quinolones et fluoroquinolones testée en parallèle *in vitro* sur les stades sanguins et hépatiques de *Plasmodium* a montré l'activité schizonticide de la plupart de ces molécules aux deux stades parasitaires. L'activité *in vitro* des quinolones et fluoroquinolones sur le stade hépatique de *P. yoelii* n'est donc pas spécifique à ce stade et est caractérisée par des CI_{50} de 50 à 200 µM. La grépafloxacine (Figure 6) est la plus active, à la fois sur le développement de *P. yoelii* et de *P. falciparum* avec des CI_{50} respectivement de 12,3 et 13,0 µM (Mahmoudi N. *et al.*, 2003). L'obtention de souches de *Staphylococcus aureus* mutées soit sur le gène codant pour la sous-unité A de l'ADN gyrase, soit sur celui qui code pour la sous-unité A de la topoisomérase IV, a permis d'évaluer la sensibilité de ces souches à la grépafloxacine. L'étude a montré une nette diminution de l'activité sur la souche mutée pour la topoisomérase IV, d'où l'hypothèse que la grépafloxacine ciblerait plutôt cette enzyme que l'ADN gyrase (Takei M. *et al.*, 2001).

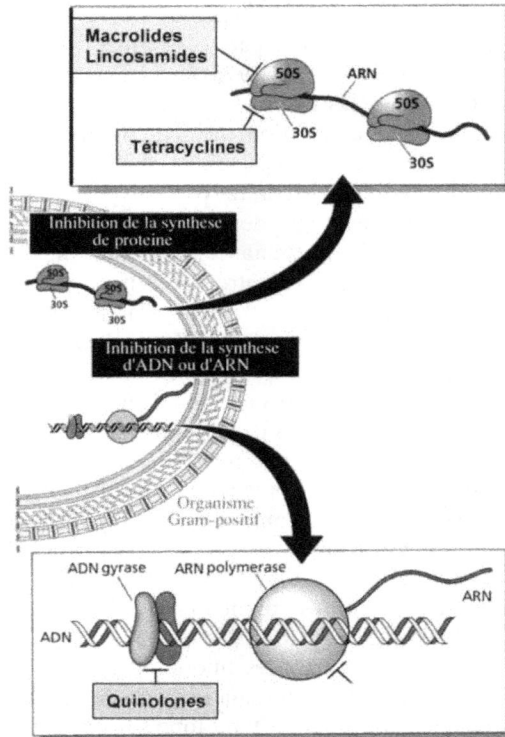

Figure 7 : Sites d'actions des quatre grandes classes d'antibiotiques actives sur le stade hépatique de *Plasmodium* : macrolides, lincosamides, tétracyclines et quinolones (Walsh C., 2003)

c. Les inhibiteurs du métabolisme de l'acide folique

Les inhibiteurs de la voie de biosynthèse de l'acide folique, précurseur des bases nucléotidiques, regroupent la classe des antifoliques (sulfamides et sulfones) et la classe des antifoliniques (biguanides et diamino-pyrimidines). Le parasite ne pouvant utiliser l'acide folique de l'hôte doit synthétiser ses propres bases pyrimidines *de novo*. Les antifoliques sont des analogues structuraux de l'acide *para*-aminobenzoïque, substrat de l'enzyme dihydroptéroate synthétase (DHPS), tandis que les antifoliniques inhibent la dihydrofolate réductase (DHFR), enzyme qui permet la synthèse du nucléotide thymidylate (dTMP). Les inhibiteurs agissant sur ces deux enzymes clés bloquent ainsi la synthèse d'ADN de *Plasmodium*. La dihydroptéroate synthétase étant absente chez l'homme et la dihydrofolate réductase de *Plasmodium* étant structurellement très éloignée de celle de l'homme, une inhibition spécifique de ces enzymes peut être espérée. Parmi les inhibiteurs de la dihydroptéroate synthétase, trois sont particulièrement actifs sur le stade hépatique de *P. yoelii*. La sulphadoxine (figure 8), administrée par voie sous-cutanée à la dose de 3 mg/Kg, au moment de l'inoculation des sporozoïtes, protège les souris contre l'infection. Le même résultat est obtenu avec une dose de 0,3 mg/Kg de sulphamonométhoxine et une dose de 10 mg/Kg de dapsone (Peters W. *et al.*, 1975). Cependant, la protection des souris par la sulfadoxine n'est pas due exclusivement à un effet sur le stade hépatique de *P. yoelii* puisqu'il a été montré qu'à cette dose, la molécule a un effet résiduel sur les formes sanguines de *P. yoelii* (Neerja J., Puri S.K., 2004).

Antifoliques: inhibiteurs de la dihydroptéroate synthase

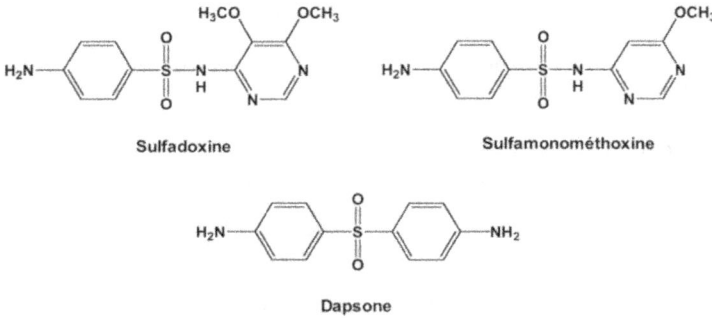

Antifoliniques: inhibiteurs de la dihydrofolate réductase

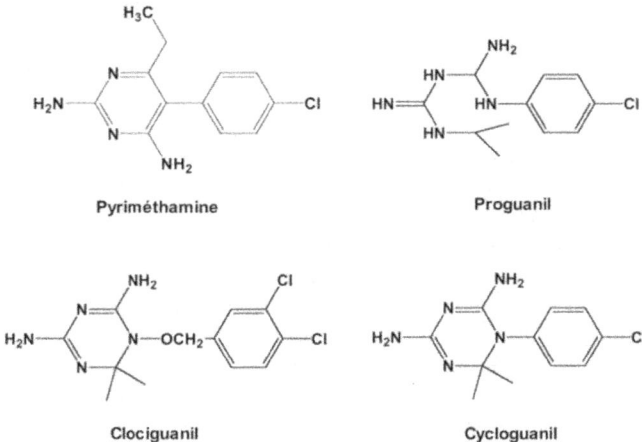

Figure 8 : Inhibiteurs du métabolisme de l'acide folique, actifs sur le stade hépatique de *Plasmodium*

Parmi les inhibiteurs de la dihydrofolate réductase, quatre sont également actifs sur le stade hépatique de *P. yoelii*. La pyriméthamine (figure 8), administrée en sous-cutanée à la dose de 0,3 mg/Kg et au moment de l'inoculation des sporozoïtes, protège totalement les souris contre l'infection. Le même résultat est obtenu avec 3 mg/Kg de proguanil et 1 mg/Kg de clociguanil et de cycloguanil, ce dernier correspondant au produit de métabolisation du proguanil dans le foie (Peters W. *et al.*, 1975). Plusieurs modèles ont ensuite été employés pour confirmer l'activité de ces molécules. Par exemple, dans des primo-cultures d'hépatocytes de singe, une concentration de 0,15 ng/ml de pyriméthamine, de proguanil ou de cycloguanil inhibe de moitié le nombre de schizontes de *P. cynomolgi* et de *P. knowlesi* se développant dans ces cultures (Fisk T.L. *et al.*, 1989). En revanche, chez le singe, la pyriméthamine administrée par voie orale à la dose de 10 mg/Kg, retarde l'apparition de la parasitémie d'une trentaine de jours, mais n'empêche pas l'infection par *P. cynomolgi* (Puri S.K., Singh N., 2000).

d. Les hydroxynaphtoquinones

Les premières naphtoquinones, dont le lapachol, ont été extraites des plantes de la famille des Bignoniaceae, utilisées traditionnellement au Brésil dans le traitement du paludisme et des fièvres (Hooker S.C., 1936). Rapidement, il a été montré que la lapinone (figure 9), un dérivé du lapachol prévient l'infection par *P. vivax* (Fawaz G., Haddad F.S., 1951). Un des problèmes majeurs à l'utilisation de la lapinone est que seule une administration parentérale est possible. L'élaboration d'analogues suivie de leur criblage *in vivo* sur un modèle de *Plasmodium* aviaire a permis l'identification de la ménoctone (figure 9) (Fieser L.F. *et al.*, 1948). Cependant, l'efficacité de la ménoctone sur le modèle aviaire n'a pas été retrouvée lors des essais cliniques chez l'homme (WHO, 1973). Les modifications chimiques apportées à la partie cyclohexyle de la ménoctone ont alors conduit à des molécules à spectre antiparasitaire plus large (Hudson A.T. *et al.*, 1985) dont la parvaquone puis l'atovaquone (figure 9).

L'atovaquone, employée à l'origine pour traiter la pneumonie et la toxoplasmose chez des patients immunodéficitaires (Kovacs J.A., 1992; Hughes W. *et al.*, 1993) est depuis peu utilisée dans le traitement du paludisme, en combinaison synergique avec le proguanil (Malarone®) (Srivastava I.K., Vaidya A.B., 1999). Cependant, en monothérapie, l'atovaquone conduit à une recrudescence de la maladie liée à une rapide émergence de parasites résistants (Chiodini P.L. *et al.*, 1995; Rathod P.K. *et al.*, 1997). Une dose de 1 mg/Kg d'atovaquone administrée par voie orale 3 heures après l'inoculation par des sporozoïtes de *P. berghei* prévient l'infection chez le rat (Davies C.S. *et al.*, 1989), mais un léger effet résiduel sur les formes sanguines est observé à cette dose. Bien que l'atovaquone soit également active sur les schizontes hépatiques de *P. falciparum*, aucun effet n'a été retrouvé sur les hypnozoïtes de *P. vivax* (Looareesuwann S. *et al.*, 1996). Dès les années 40, des études sur les cellules de mammifères montrent que les hydroxynaphtoquinones inhibent la respiration mitochondriale (Wendel W.B., 1946; Ball E.G. *et al.*, 1947). Ce résultat a été confirmé sur les mitochondries isolées de *P. falciparum* et *P. yoelii* sur lesquelles l'atovaquone inhibe le transport des électrons dans les membranes avec une sélectivité environ 1000 fois plus grande que sur celles des mammifères (Fry M., Pudney M., 1992; Srivastava I.K. *et al.*, 1997).

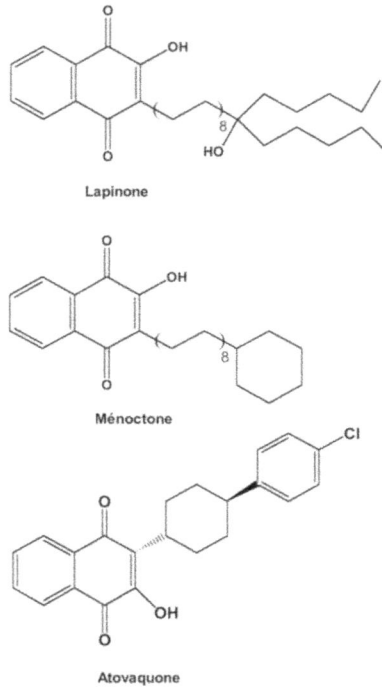

Figure 9 : Hydroxynaphtoquinones actives sur le stade hépatique de *Plasmodium*

e. Les chélateurs du fer

L'utilisation des chélateurs du fer en chimiothérapie antipaludique (Gordeuk V.R. *et al.*, 1993; Mabeza G. *et al.*, 1999) est issue de plusieurs types d'observations : i) l'implication du fer dans le métabolisme de *Plasmodium*, ii) l'inhibition de la croissance du parasite aussi bien *in vitro* que *in vivo* chez le singe, par un chélateur de fer naturel, la desferrioxamine B (Raventos-Suarez C. *et al.*, 1982; Pollack S. *et al.*, 1987). La desferrioxamine B (figure 10), dérivée de l'acide tri-hydroxamique et isolée de *Streptomyces pilosus* joue le rôle de sidérophore pour la bactérie lui permettant de capter le fer ferrique de l'environnement. Chez *Plasmodium*, l'effet inhibiteur de ce type de chélateurs a été mis en évidence au niveau du stade érythrocytaire et repose sur une séquestration du fer nécessaire aux fonctions métaboliques du parasite telles la biosynthèse de l'ADN (Lytton S.D. *et al.*, 1994) et de l'hème (Bonday Z.Q. *et al.*, 1997), le transport des électrons dans les mitochondries (Takeo S. *et al.*, 2000), etc. La succinyl-acétone, un inhibiteur de la

19

biosynthèse de l'hème dans le foie et aussi de la maturation de *P. yoelii* dans des cultures d'hépatocytes (Goma J. *et al*., 1995), suggère l'hypothèse que les cibles des chélateurs de fer identifiées au niveau du stade érythrocytaire pourraient être actives aussi sur le stade hépatique.

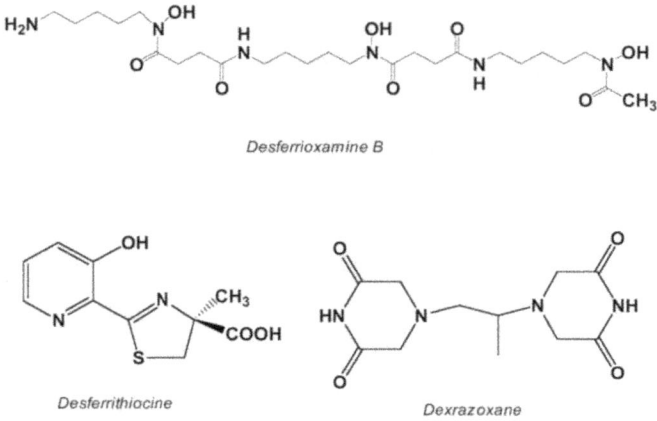

Desferrioxamine B

Desferrithiocine

Dexrazoxane

Figure 10 : Chélateurs du fer actifs sur le stade hépatique de *Plasmodium*

Parmi les chélateurs de fer testés, il a été montré que la desferrioxamine B, la desferrithiocine et la dexrazoxane (figure 10) inhibent le développement hépatique *in vitro* de *Plasmodium*. La desferrioxamine inhibe significativement le développement de *P. yoelii* dans des hépatocytes de souris (CI_{50} 20 µM) ainsi que celui de *P. falciparum* dans des hépatocytes humains (CI_{50} 3,4 µM). De même, la desferrithiocine inhibe le développement de *P. yoelii* (CI_{50} 10 µM) et *P. falciparum* (CI50 2,9 µM) (Stahel E. *et al*., 1988). La dexrazoxane est une pro-drogue de type *bis*-cyclic imide et est moins active (CI_{50} 100 µM) sur le développement de *P. yoelii* dans les hépatocytes de souris que les deux molécules précédentes. Ceci est expliqué par l'hydrolyse intracellulaire préalablement nécessaire à son activité chélatrice (Loyevsky M. *et al*., 1999).

f. Les antihistaminiques

La cyproheptadine, le kétotifen et l'azatadine sont des antagonistes tricycliques du récepteur antihistaminique H1. Ces molécules possèdent des propriétés *in vitro* et *in vivo* qui potentialisent la chloroquine sur les formes érythrocytaires résistantes de *P. falciparum* (Peters W. *et al*., 1990) Ces trois molécules, ainsi que la loratadine et le terfénadine (Figure 11) ont été testées pour leur activité sur le stade hépatique de *P. yoelii*. Administrées à 5 mg/Kg pendant 3 jours, le kétotifen et la cyproheptadine protègent totalement les souris de l'infection. Le même résultat est obtenu avec 50

20

mg/Kg de terfénadine, tandis que l'azatadine et la loratadine retardent l'infection mais ne l'empêchent pas. Cependant, à ces doses, le kétotifen et la cyproheptadine ont un effet résiduel non négligeable sur le stade sanguin de *P. yoelii* (Singh N., Puri S.K., 1998) et leur activité n'est donc pas spécifique du stade hépatique.

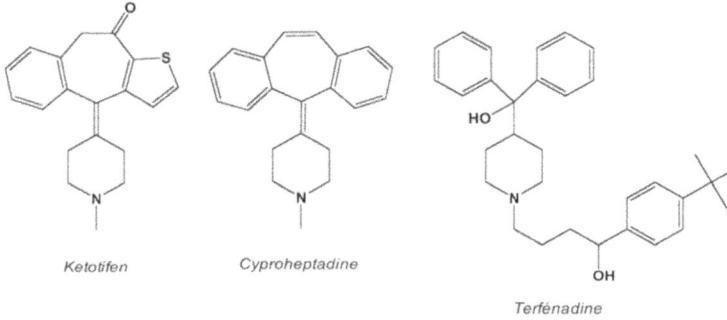

Ketotifen   Cyproheptadine   Terfénadine

Figure 11 : Antihistaminiques actifs sur le stade hépatique de *Plasmodium*

g. Les inhibiteurs du protéasome

L'identification de molécules inhibitrices du protéasome a conduit à leur évaluation sur les stades sanguins et hépatiques de *Plasmodium*. En effet, à ces stades, le parasite subit de nombreux changements morphologiques impliquant l'activité de son protéasome. Composant essentiel des cellules eucaryotes, ce protéasome a un rôle clé dans la réparation ou la dégradation des protéines modifiées ou dénaturées (Rock K.L. *et al.*, 1994; Coux O. *et al.*, 1996; Hilt W., Wolf D.H., 1996) et est nécessaire par la régulation des facteurs de transcription à l'accomplissement du cycle cellulaire (King R.W. *et al.*, 1996).

Récemment, deux inhibiteurs du protéasome ont été testés sur le stade hépatique de *Plasmodium*. Il s'agit tout d'abord de la lactacystine (figure 12), isolée à partir de *Streptomyces* et aujourd'hui synthétique (Corey E.J., Reichard G.A., 1992). Elle inhibe la sous-unité 20S du protéasome en se fixant spécifiquement et irréversiblement sous sa forme active (*clasto*-lactacystine β-lactone) sur les thréonines catalytiques des sites protéolytiques actifs des sous-unités β du protéasome (Fenteany G. *et al.*, 1995; Craiu A. *et al.*, 1997). A une concentration de 9 μM, la lactacystine inhibe totalement le développement hépatique de *P. berghei* dans les cultures de HepG2, soit dès les 3 premières heures de l'infection, soit plus tardivement, 24 heures après l'infection. Bien que les sporozoïtes de *P. berghei* ou de *P. yoelii* prétraités avec la lactacystine restent invasifs, leur maturation s'effectue mal dans les hépatocytes. Cependant, l'effet de la lactacystine ne semble pas spécifique du stade hépatique, puisque aux mêmes concentrations elle inhibe le développement érythrocytaire *in vitro* de *P. falciparum* et *in vivo* de *P. berghei* (Gantt S.M. *et al.*, 1998). Des études complémentaires ont montré que la lactystine a une activité directe sur le cycle cellulaire et inhibe la réplication de *P. falciparum* (Certad G., al. e., 1999).

21

D'autres inhibiteurs du protéasome, dérivés du bortézomib (figure 12), antitumoral actuellement en essai clinique, présentent une meilleure sélectivité que la lactacystine (Kozlowski L. *et al.*, 2001). En bloquant l'apoptose des cellules saines différenciées et en l'induisant dans les cellules à division rapide (Stefanelli C. *et al.*, 1998) ces dipeptides borés sont de bons candidats antiparasitaires. Dans les cultures de HepG2, le MLN-273 inhibe significativement le développement de *P. berghei* à des concentrations faibles (CI50 100 nM). Cependant, aux concentrations qui permettent une inhibition totale des parasites, le MLN-273 n'est plus sélectif et induit l'apoptose dans les cellules hôtes (Lindenthal C. *et al.*, 2005).

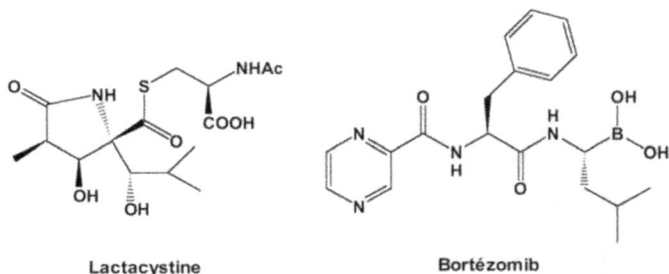

Lactacystine   Bortézomib

Figure 12 : Inhibiteurs du protéasome actifs sur le stade hépatique de *Plasmodium*

IV. Intérêt des plantes dans la lutte contre le paludisme

Dans les pays en voie de développement, où souvent le paludisme sévit le plus durement, les traitements préventifs ou thérapeutiques évoqués précédemment ne sont pas toujours applicables. Outre leur coût trop élevé, ils sont souvent mal distribués et difficiles d'accès pour les populations rurales vivant loin des dispensaires ou des zones urbaines. La médecine traditionnelle reste dans ce cas la seule source de soins abordable, on estime qu'actuellement 80% de la population mondiale utilisent des plantes pour les soins médicaux primaires et 60% de ces plantes sont utilisées pour le traitement de maladies infectieuses comme les maladies tropicales (Schuster B.G., 2001).

Les plantes sont soumises à divers stress environnementaux incluant les parasitoses, les insectes, les prédateurs et autres espèces végétales compétitrices, nécessitant de développer des moyens de défense efficaces et originaux. L'élaboration de milliers de métabolites secondaires, de structures très diverses est l'un de leurs principaux moyens de défense. On estime d'ailleurs que 40% des squelettes chimiques trouvés dans les banques de données de produits naturels ne sont pas retrouvés dans les banques de produits de synthèse (Harvey A., 2004). L'activité antimalarique des métabolites des plantes n'est qu'une coïncidence, pourtant l'histoire montre que de nombreux produits naturels peuvent avoir des propriétés antimalariques remarquables.

1. La quinine et l'artémisinine, deux exemples remarquables de molécules antipaludiques extraites de plantes

La quinine et l'artémisinine, précédemment citées comme médicaments de première ligne, témoignent par leur efficacité, du potentiel des plantes dans la recherche antipaludique. La quinine a été isolée en 1820 des écorces du Quinquina (Rubiaceae) (figure 13) par Pelletier et Caventou. Cet arbre était à l'origine utilisé par les Indiens de la Cordelières des Andes contre les tremblements et la fièvre et comme fortifiant ou stimulant, bien avant que le paludisme n'ait été identifié. Les écorces de quinquina furent introduites en Europe pour le traitement de la fièvre dès le 17ème siècle par des missionnaires jésuites revenant du Pérou (Meshnick S.R., 1998). Les quinquinas contiennent d'autres alcaloïdes dérivés de la quinine, tels la cinchonine et la quinidine, également antimalariques (Warhurst D.C., 1987).

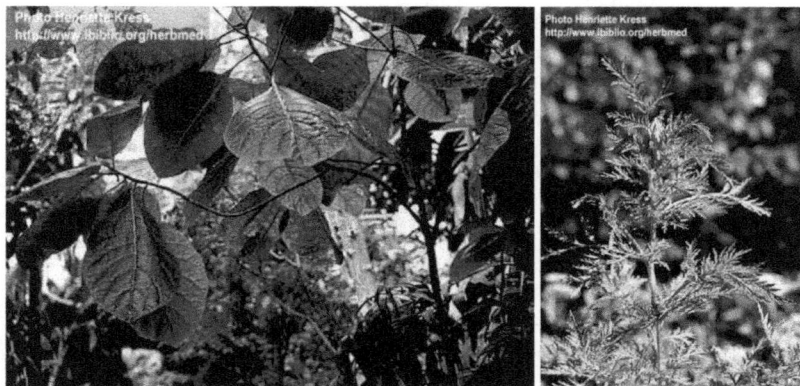

Figure 13 : *Cinchona pubescens*, *Artemisia annua*

Des mélanges de ces alcaloïdes naturels retrouvés sous le nom de Totaquine® ou Quinimax® sont encore utilisés aujourd'hui (Rogier C. *et al.*, 1996). Ces quinoléines inhibent les parasites sanguins en interagissant avec l'hème, libérée lors de la digestion de l'hémoglobine par le parasite, empêchant ainsi sa polymérisation en hémozoïne dans les globules rouges. En effet, les parasites utilisent l'hémoglobine comme source principale d'acides aminés. Alors que la globine est hydrolysée par les protéases présentes dans la vacuole digestive du parasite, l'hème non détruit devient toxique pour les parasites (Orjih A.U. *et al.*, 1981). Elle est dégradée chez l'homme par l'hème oxidase mais cette enzyme n'existe pas chez le parasite qui doit la convertir en hémozoïne non toxique, selon un processus spontané, dans la vacuole digestive (Dorn A. *et al.*, 1995). Le complexe hème/quinoléine est donc toxique pour le parasite. L'inhibition de la formation de l'hémozoïne *in vitro* par les quinoléines a d'ailleurs pu être vérifiée (Egan T.J. *et al.*, 1994).

L'artémisinine ou Quinghaosu a été isolée en 1972 à partir d'une herbe chinoise *Artemisia annua* (Asteraceae) (figure 13), utilisée en Chine depuis au moins

2000 ans dans le traitement de la fièvre. Bien que les extraits aqueux de cette plante soient préconisés en médecine traditionnelle, l'activité antimalarique n'a été retrouvée que dans les extraits éthers, à partir desquels a été isolé l'artémisinine (Meshnick S.R., 1998). L'artémisinine n'étant ni soluble dans l'eau ni dans l'huile, des dérivés semisynthétiques de l'artémisinine ont été élaborés par une série de modifications chimiques au niveau du carbone C_{10} pour produire la dihydroartémisinine, l'artéméther, l'artééther et l'artésunate, formulés pour des administrations orale, rectale ou parentale. Le mécanisme d'action de l'artémisinine le plus largement décrit est une complexation de la molécule avec l'hème via sa fonction peroxyde, aboutissant à la formation de radicaux libres alkylants (Jefford C.W., 2001) et dépendante du fer (Meshnick S.R. *et al.*, 1993). L'alkylation spécifique d'au moins six protéines parasitaires a été démontrée lors d'incubations d'artémisinine radio-marquée aux doses thérapeutiques dans des globules rouges infectés par *P. falciparum* (Asawamahasakda W. *et al.*, 1994). Une des protéines cible de l'artémisinine a ainsi été purifiée, séquencée et clonée. Il s'agit d'une protéine cytosolique de la famille des TCTP (translationally controlled tumor protein). Cependant, le site d'action de l'artémisinine dans la vacuole digestive est contestée (Ellis D.S. *et al.*, 1985). Des études récentes basées sur les ressemblances structurales de l'artémisinine avec une autre sesquiterpène lactone, la thapsigargine, a permis d'identifier une autre protéine cible du parasite, la SERCA (sarco endoplasmic reticulum Ca2+/ATPase), dont l'inhibition par l'artémisinine serait également ferro-dépendante (Eckstein-Ludwig U. *et al.*, 2003).

2. Extraits de plantes actifs sur le stade hépatique de *Plasmodium*

Très peu d'extraits de plantes ont été évalués pour leur activité sur le stade hépatique. Leur criblage plus accessible, sur le cycle érythrocytaire de *Plasmodium*, est souvent préféré. La démarche qui a conduit à l'évaluation d'un petit nombre d'extraits sur le stade hépatique de *Plasmodium* est triple : *i*) soit l'activité des extraits avait déjà été caractérisée au niveau sanguin, *ii*) soit l'accessibilité du matériel nécessaire à un criblage sur le stade hépatique a conduit à leur évaluation parallèle sur les stades sanguin et hépatique, *iii*) soit ces extraits étaient décrits pour leur utilisation empirique en prophylaxie, suggérant que leurs métabolites pouvaient agir sur la phase de développement précoce du parasite, au niveau du foie.

a. Extraits de plantes actifs sur le stade sanguin et évalués sur le stade hépatique

Les Dioncophyllaceae et les Ancistrocladaceae sont utilisées en médecine traditionnelle dans beaucoup de pays tropicaux. Ces espèces sont connues pour contenir des alcaloïdes de type naphthylisoquinoléine dont l'activité antipaludique au niveau du stade sanguin de *Plasmodium* a largement été décrite (François G. *et al.*, 1996), motivant les chercheurs à tester leurs extraits sur le stade hépatique de *Plasmodium* (François G. *et al.*, 1997). Ainsi, parmi les 20 extraits testés à une concentration de 10 µg/ml, seuls certains extraits organiques préparés à partir de *Triphyophyllum peltatum* (Dioncophylaceae), d'*Ancistrocladus abbreviatus* et de *A.*

tectorius (Ancistrocladaceae) inhibent partiellement (de 20 à 70 %) le développement hépatique de *P. berghei* dans les cellules HepG2.

La recherche aléatoire des composés responsables de cette activité a permis d'isoler des alcaloïdes, de la série des naphtylisoquinoléines, actifs *in vitro* sur le développement hépatique de *P. berghei* (François G. *et al.*, 1997). Ainsi, la dioncophylline A (figure 14) (26,5 µM), la dioncophyllacine A (24 µM) et la 5'-*O*-déméthyl-8-*O*-méthyl-7-épidioncophylline A (26,5 µM) extraites de *Triphyophyllum peltatum*, inhibent respectivement de 67,5%, 41,9%, 56,1% le nombre de schizontes de *P. berghei*. Un dérivé hémisynthétique de la dioncophylline A, la dioncophylléine A (24,6 µM) inhibe également le nombre de parasites de 48,8%.

Isolée de la même plante, la dioncophylline C n'a pas d'activité, mais deux dérivés hémi-synthétiques, la *N*-formyl-8-*O*-méthyldioncophylline C (Figure 14) (24,7 µM) et la *N*formyl- 8-*O*-benzoyldioncophylline C (20,2 µM) inhibent la croissance de *P. berghei* dans les HepG2 respectivement de 98,3% et 52,7%. L'ancistrobartérine, isolée à partir de *Ancistrocladus barteri* et proche structurellement de la dioncophylléine A, inhibe *P. berghei* à 24,6 µM avec un taux d'inhibition de 51,6%.

b. Extraits de plantes co-évalués sur le stade sanguin et le stade hépatique

Douze plantes récoltées dans les îles de São Tomé et Principe (Golfe de Guinée) ont été sélectionnées sur la base de leur utilisation antipaludique en médecine traditionnelle (do Ceu de Madureira M. *et al.*, 2002). Parmi les 36 extraits testés, seuls 4 inhibent le stade hépatique de *Plasmodium berghei* dans les cultures HepG2. Il s'agit des extraits organiques de *Pycnanthus angolensis* (Myristicaceae) (CI$_{50}$ 34 µg/ml), de *Struchium sparganophorum* (Asteraceae) (CI$_{50}$ 24 µg/ml), de *Thithonia diversifolia* (Asteraceae) (CI$_{50}$ 18 µg/ml) et de *Morinda lucida* (Rubiaceae) (CI$_{50}$ 5 µg/ml). D'autre part, il est à noter que ces extraits, à l'exception de *Tithonia diversifolia*, ont des activités sur le stade hépatique de *P. berghei*, largement inférieures à celles qui sont trouvées *in vitro* sur le stade sanguin de *P. falciparum*, d'où une possible spécificité d'action de ces produits sur le parasite au niveau du stade hépatique, plutôt que sur le stade érythrocytaire. Cependant, parmi les nombreux composés isolés de ces plantes, aucun ne semble avoir d'activité sur le stade hépatique de *Plasmodium*.

c. Extraits de plantes utilisés en prophylaxie du paludisme

Récemment, des enquêtes ethnobotaniques effectuées en Guyane française rapportent l'utilisation d'une dizaine d'espèces de plantes dont les extraits sont consommés seuls en traitement prophylactique et en combinaison avec d'autres extraits en traitement curatif du paludisme (Bertani S. *et al.*, 2005; Vigneron M. *et al.*, 2005). Quatre de ces remèdes ont été testés sur les stades sanguins et hépatiques de *Plasmodium yoelii* chez la souris, suivant leur mode de préparation traditionnel qui consiste essentiellement en des extraits aqueux ou alcooliques.

L'ensemble des remèdes ont une activité *in vivo* sur le stade sanguin de *P. yoelii*, et seul l'extrait alcoolique des écorces de *Geissospermum argenteum* (Apocynaceae) permet d'inhiber le développement hépatique de *P. yoelii* chez la souris, à la dose de

300 mg/Kg. Toutefois, l'effet résiduel de cet extrait observé sur les formes sanguines de *P. yoelii* ne permet pas de conclure sur l'activité spécifique de cet extrait au niveau du stade hépatique du parasite.

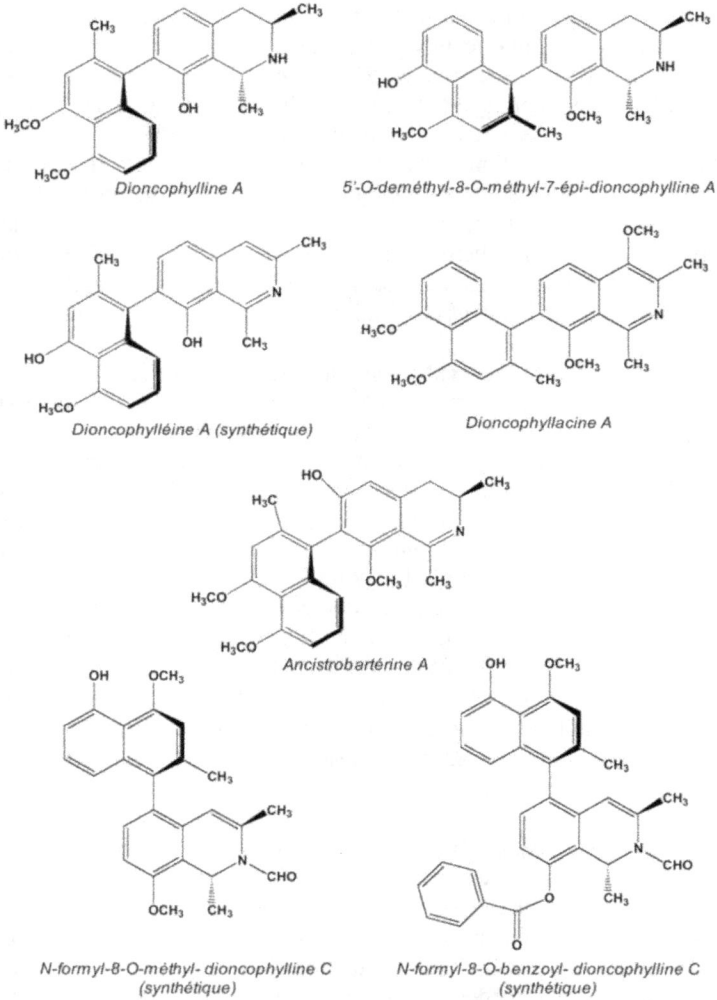

Figure 14 : Naphtylisoquinoléines naturelles et synthétiques actives sur le stade hépatique de *Plasmodium*

3. Recherche de nouvelles molécules antipaludiques à partir de plantes utilisées en médecine traditionnelle malgache

Madagascar, est une île - continent de 594 000 km^2 séparée de l'Afrique par le canal du Mozambique et de l'Inde par l'océan Indien. Les particularités géographiques de l'île expliquent la diversité climatique du pays, où se côtoient des écosystèmes : tropical humide (à l'est), tropical sec (au sud), tropical d'altitude (hautes terres centrales), sub-aride (à l'ouest) et un climat montagneux (au nord).

Les facteurs naturels limitant les zones de transmission du paludisme à Madagascar sont les régions de haute altitude (supérieures à 1500 m) et de sécheresse. Deux grands types de transmission existent à Madagascar : celui des régions côtières où les 4 espèces de *Plasmodium* spécifiques à l'homme coexistent et sont transmises par des vecteurs de types africains (*Anopheles gambiae*, *A. funestus*) et endémiques (*A. mascarensis*) et celui des Hautes Terres Centrales, instable, où le risque épidémique est principalement lié au vecteur *A. funestus*.

Le paludisme appelé localement « tazo » ou « tazomoka », « moka » signifiant « moustique », est la première cause de mortalité à Madagascar. Il y est mentionné depuis 1602 sur les côtes de Madagascar. Les Hautes Terres Centrales ont connu quant à elles trois grandes épidémies meurtrières ; une première en 1878, suite à l'intensification de la riziculture irriguée (Laventure S. *et al.*, 1996), une seconde en 1895 lors de la mise en place d'une ligne ferroviaire reliant la côte est aux Hautes Terres et la dernière en 1986 (Lepers J.P. *et al.*, 1988) due aux interruptions des traitements insecticides domiciliaires et l'arrêt de la distribution de la chloroquine depuis 1962, date à partir de laquelle la maladie semblait éradiquée des Hautes Terres. Cette dernière épidémie fut d'autant plus meurtrière que la population n'avait pas d'immunité et que l'accès aux médicaments était difficile pour la majorité des malades. Une des raisons évoquées a été la dégradation catastrophique de la situation socioéconomique de Madagascar entraînant la désorganisation des services de santé et la baisse du pouvoir d'achat de la population (Mouchet J. *et al.*, 1997). A l'heure actuelle la situation s'améliore sensiblement grâce aux programmes nationaux de prévention et de contrôle du paludisme. Les médicaments courants sont disponibles sur le marché local, mais en pratique sont peu utilisés. Les raisons invoquées sont d'une part que 80% de la population malgache vivent dans les campagnes loin des hôpitaux et des centres de soins de santé primaire et d'autre part, que ces traitements sont hors de portée du budget familial. En effet, un traitement complet avec la méfloquine coûte plus cher qu'un mois de salaire d'un malgache moyen.

Cette population démunie continue donc à utiliser dans le meilleur des cas, la chloroquine en « automédication », abondante et bon marché et les plantes, majoritairement préparées en décoction et associées ou non à la chloroquine. Depuis la dernière épidémie de paludisme des années 1980, un des axes principaux de recherche de l'IMRA (Institut Malgache de Recherches Appliquées) à Antananarivo, est la valorisation des remèdes malgaches antipaludiques. La sélection des plantes se fait par leur désignation à plusieurs reprises lors d'enquêtes de terrain, auprès des villageois et des guérisseurs. En effet, de nombreuses études ont montré que l'approche ethnobotanique et anthropologique de sélection des plantes était bien plus prédictive que l'approche de prospection au hasard (Saxena S. *et al.*, 2003). Ainsi, les enquêtes ethnopharmacologiques effectuées successivement par nos collaborateurs malgaches, dans différentes régions de Madagascar fournissent un exemple de sélection des plantes antimalariques et du type de résultats pharmacologiques qu'on peut attendre. Par exemple, lors d'une enquête de terrain en 1999, parmi les 50 espèces de plantes différentes qui ont été récoltées, 16 sont traditionnellement utilisées contre le paludisme. Des extraits éthanoliques préparés à partir de ces 16 plantes, ont été testés *in vitro* sur le cycle sanguin (souche FcM29) de *Plasmodium falciparum*. Huit de ces extraits présentent des CI_{50} inférieures à 10 µg/ml (Rasoanaivo P. *et al.*, 1999) et sont potentiellement actives. Lors d'une enquête plus récente effectuée en 2004, dans 5 régions écologiques différentes de Madagascar, 48 espèces dont 11 sont utilisées traditionnellement contre le paludisme ont été récoltées. Les extraits organiques de ces 11 espèces ont été testées *in vitro* sur le cycle sanguin (souches FcB1 et FcM29) de *P. falciparum*.

Toutes les plantes sélectionnées se sont révélées actives, leurs CI_{50} étant inférieures à 10 µg/ml (Rasoanaivo P. *et al.*, 2004). Ainsi, pour de nombreuses plantes - sélectionnées pour leur utilisation empirique en médecine traditionnelle malgache contre le paludisme mais aussi leur endémicité et leur abondance- l'activité antipaludique de leurs extraits est confirmée sur le stade érythrocytaire de *Plasmodium*. Cependant, l'expérience montre qu'un criblage systématique des extraits sur le cycle érythrocytaire de *P. falciparum in vitro* est réducteur et l'absence d'activité à ce stade n'exclut pas une autre cible antipaludique.

NOUVEAUX RESULTATS EXPERIMENTAUX

I. Récapitulatif des travaux antérieurs effectués sur *Strychnopsis thouarsii*

1. Description botanique

Madagascar compte une trentaine d'espèces de Menispermaceae réparties en 12 genres et 5 sont endémiques à l'île. Il s'agit des genres *Burasaïa*, représenté par 5 espèces, *Spirospermum* (1 espèce), *Orthogynium* (1 espèce), *Rhaptonema* (6 espèces) et *Strychnopsis*, (1 espèce). En 1882, Baillon a identifié *Strychnopsis thouarsii* Baill. comme une nouvelle espèce pouvant être rattachée à la tribu des *Cocculeae* (Baillon H., 1882-1894). Ces premières observations ont ensuite été successivement confirmées par Dupetit-Thouars, de Candolle et Diels (Baillon H., 1882-1894; Dupetit-Thouars A., 1885; de Candoll A., 1901; Diels L., 1931). *S. thouarsii* est décrite comme une grande liane grimpante dont l'écorce des rameaux est olivacée et légèrement striée (figure 15).

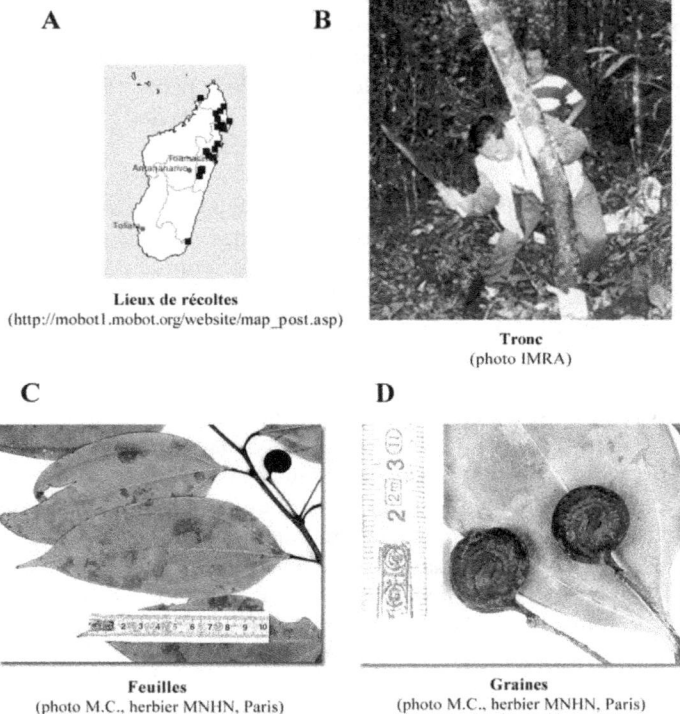

A

B

Lieux de récoltes
(http://mobot1.mobot.org/website/map_post.asp)

Tronc
(photo IMRA)

C

D

Feuilles
(photo M.C., herbier MNHN, Paris)

Graines
(photo M.C., herbier MNHN, Paris)

Figure 15 : A, Lieux de récoltes de *S. thouarsii* à Madagascar.
B, Collecte d'écorces de tronc. C, D, Echantillons d'herbiers

Ses feuilles sont grandes, coriaces et clairement trinervés avec des nervures secondaires transverses bien visibles. Les fleurs mâles sont petites et de couleur rose, elles comprennent 9 sépales imbriqués, membraneux et trinervés, 6 petits pétales et 3 étamines. Les fleurs femelles n'ont pas été décrites. Le fruit est formé de 2 à 3 grands méricarpes, de couleur jaunâtre, circulaires et comprimés latéralement ; la graine est en forme de ménisque (figure 15).

Contrairement à d'autres espèces malgaches, celles de la famille des Ménispermacées sont assez peu caractérisées, tant d'un point de vue botanique que chimique et ne figurent pas dans la série d'ouvrages de référence intitulée « Flore de Madagascar et des Comores ».

Aussi, outre l'intérêt ethnopharmacologique de *S. thouarsii* que nous développerons ici, les travaux phytochimiques effectués sur cette espèce contribuent également par la chimiotaxonomie, à sa classification.

2. L'utilisation de *Strychnopsis thouarsii* en médecine traditionnelle malgache

Contrairement à la majorité des plantes utilisées de façon empirique pour de nombreuses pathologies, *Strychnopsis thouarsii* est employée spécifiquement en médecine traditionnelle malgache, contre le paludisme. Albinal et Malzac décrivent en 1888 dans le dictionnaire malgache-français, l'utilisation de cette plante comme fébrifuge. Les données bibliographiques indiquent par ailleurs une utilisation antipaludique faisant intervenir différentes parties de la plante. Dans un des ouvrages les plus complets de médecine traditionnelle malgache, Pierre Boiteau cite notamment l'utilisation des racines de *S. thouarsii* en décocté comme « antipalustre spécifique » (Boiteau P., 1986).

Les enquêtes de terrain effectuées dans les années 80 par l'IMRA rapportent quant à elles, l'utilisation des feuilles et des écorces de racines en décocté, soit en association avec des comprimés de chloroquine, soit seuls comme antipaludique simple (Rasoanaivo P. *et al.*, 1992). Bien que les détails précis de l'utilisation de cette plante (posologie, prise en prophylaxie ou non) ne soient pas rapportés, sa préparation sous forme de décoction est clairement définie.

3. Travaux phytochimiques et pharmacologiques antérieurs

Les premières études phytochimiques sur *S. thouarsii* ont été effectuées par l'IMRA et ont porté sur les feuilles (Ratsimamanga-Urverg S. *et al.*, 1992). Le but était alors d'identifier les constituants chimiques pouvant justifier l'utilisation de cette plante comme adjuvant de la chloroquine. A partir des feuilles séchées et broyées, puis macérées dans l'éthanol, l'ensemble des alcaloïdes ont été extraits selon le protocole classique d'extraction acide-base. Le fractionnement de cet extrait a conduit à l'isolement de la fangchinoline, un alcaloïde de la classe des bisbenzylisoquinoléines, quatre aporphines : l'isocorydine, la prédicentrine, la liriotulipiférine, la *N*-méthyllindcarpine, et un morphinane, la sinoacutine (figure 16). L'activité schizonticide de ces alcaloïdes a été évaluée *in vitro* sur le stade érythrocytaire de *Plasmodium* (souche chloroquino-résistante FCM 29 du

Cameroun). Les aporphines et la sinoacutine présentent des activités moyennes (CI_{50} de 7,9 µM pour l'isocorydine à 19,7 µM pour la *N*-méthyllindcarpine), tandis que la fangchinoline a une forte activité (CI_{50} 0,74 µM), proche de celle de la chloroquine (CI_{50} 0,21 µM).

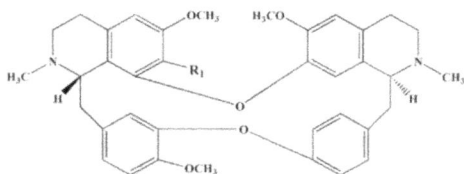

R$_1$= OH: **Fangchinoline**

R$_1$= OCH$_3$: **Tétrandrine**

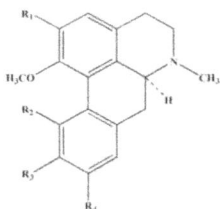

R$_1$= OCH$_3$, R$_2$= OH, R$_3$= OCH$_3$,R$_4$= H : **Isocorydine**

R$_1$= OH, R$_2$= H, R$_3$= OCH$_3$, R$_4$= OCH$_3$: **Prédicentrine**

R$_1$= OH, R$_2$= H, R$_3$= OH, R$_4$= OCH$_3$: **Liriotulipiférine**

R$_1$= OH, R$_2$= OH, R$_3$= OCH$_3$, R$_4$= H: **N-méthyl-lindcarpine**

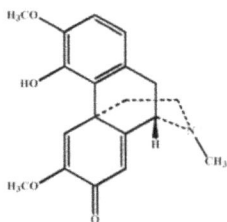

Sinoacutine

Figure 16 : Alcaloïdes isolés des feuilles et des racines de S. thouarsii

De plus, contrairement aux autres classes d'alcaloïdes isolés, la fangchinoline potentialise l'effet de la chloroquine *in vitro* (figure 17) (Ramiaramanana L.F., 1992; Ratsimamanga-Urverg S. *et al.*, 1992). Le même effet avait été observé pour la tétrandrine (Figure 16), un analogue de la fangchinoline (Ye Z.G. *et al.*, 1989) dont la présence a été par la suite décelée dans les racines de *S. thouarsii* (F. Frappier, données personnelles). Le mécanisme d'action par lequel ces deux bisbenzylisoquinoléines potentialisent l'activité de la chloroquine dans les souches de *P. falciparum* résistantes n'est pas connu. Cependant, il a été montré que cette réversion pouvait être étendue à des lignées tumorales multi-résistantes, sur lesquelles la fangchinoline et la tétrandrine potentialisent l'effet de la vinblastine (Frappier F. *et al.*, 1996). La même observation ayant été observée avec le vérapamil, un inhibiteur des canaux calciques, capable de potentialiser à la fois l'activité de la chloroquine sur des souches de *P. falciparum* résistantes et celle de l'adriamycine sur des lignées tumorales résistantes (Rogan A.M. *et al.*, 1984; Martin S.K. *et al.*, 1987). Par analogie, un mécanisme d'action similaire est proposé pour la fangchinoline et la tétrandrine (Frappier F. *et al.*, 1996).

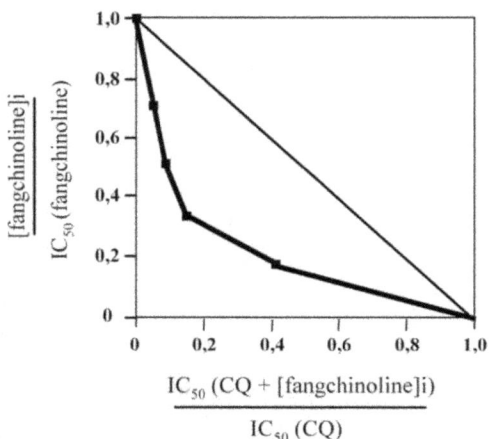

Figure 17 : Isobologramme d'interaction de la chloroquine (CQ) avec la fangchinoline sur la souche de *P.falciparum* FCM 29 résistante. [fangchinoline]i représente une gamme de concentration croissante de fangchinoline avec $0 < i < (CI_{50}$ fangchinoline)

II. Identification des constituants chimiques des écorces de tiges de *Strychnopsis thouarsii*, actifs sur le stade hépatique de *Plasmodium yoelii*

Une étude de relations structure-activité sur les bisbenzylisoquinoléines était envisagée au laboratoire et la recherche d'analogues dans les écorces de tiges de *S. thouarsii* n'ayant fait l'objet d'aucune étude phytochimique, semblait une bonne stratégie. La recherche de nouvelles structures posait cependant la question d'une nouvelle méthodologie d'extraction.

Les données ethnopharmacologiques rapportant l'utilisation de cette plante sous forme de décoction, nous avons effectué une préparation aqueuse des écorces, selon le procédé traditionnel et l'avons évaluée sur le stade érythrocytaire de *Plasmodium falciparum* (souche FcB1) *in vitro* (Desjardins R.E. *et al.*, 1979). Contre toute attente, la décoction d'écorces ne présente aucune activité à ce stade ($CI_{50} > 30$ µg/ml) à la différence de l'extrait éthanolique (CI_{50} 2,2 ± 0,3 µg/ml) et de l'extrait alcaloïdique (CI_{50} 0,42 ± 0,2 µg/ml) inhibant significativement le développant érythrocytaire de *Plasmodium*.

Comment expliquer que la préparation traditionnelle de *S. thouarsii* ne soit pas active en laboratoire ? Une des premières hypothèses formulées était que seuls les décoctés de feuilles et de racines, telles que l'indiquaient les données ethnopharmacologiques étaient actives. Ne disposant pas de ce matériel au début de l'étude, nous n'avons pas pu vérifier cette hypothèse. Une autre hypothèse, suggérée par l'utilisation empirique de la plante comme antipalustre spécifique (Boiteau P., 1986), était que cette décoction pouvait agir à un autre stade de développement du parasite comme le stade hépatique (Mazier D. *et al.*, 2004).

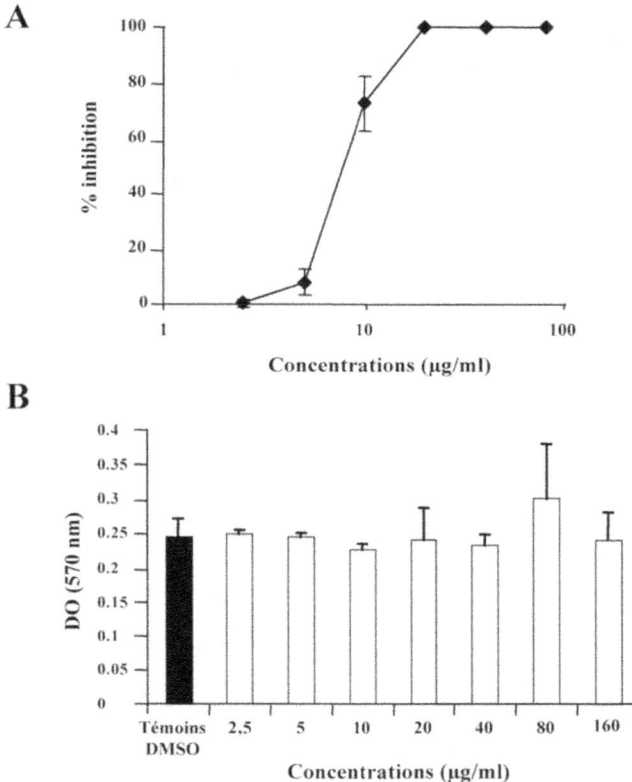

Figure 18 : A, Inhibition dose-dépendante de la décoction d'écorces de tiges de *S. thouarsii* sur le nombre de schizontes de *P. yoelii* se développant dans des cultures primaires d'hépatocytes de souris, 48 h après infection. B, Viabilité des hépatocytes de souris cultivés pendant 48 h en présence de la décoction

Afin de vérifier cette dernière hypothèse, des décoctions d'écorces de tiges de *S. thouarsii* ont été testées sur le stade hépatique de *Plasmodium yoelii* (souche 265 BY) dans des cultures primaires d'hépatocytes de souris (Mazier D. *et al.*, 1982). Les résultats de ces tests (figure 18) ont montré qu'effectivement la décoction d'écorces de tiges de *S. thouarsii* inhibe de façon dose-dépendante, le développement hépatique de *P. yoelii in vitro* (CI_{50} 8,5 ± 0,7 µg/ml). De plus, aux concentrations auxquelles elle inhibe totalement le développement des schizontes de *P. yoelii* (100 % d'inhibition à 20 µg/ml), cette décoction n'est pas toxique sur les cultures primaires d'hépatocytes de souris (TC_{50} > 160 µg/ml) (figure 18). Ceci suggère une spécificité d'action de la décoction sur les formes intra-hépatiques du parasite.

1. Extraction, isolement et structure des alcaloïdes de l'extrait éthanolique des écorces de tiges

Les alcaloïdes de type bisbenzylisoquinoléine étant majoritaires dans les extraits éthanoliques des feuilles et des racines de *S. thouarsii*, l'hypothèse était qu'ils pouvaient être responsables de l'activité observée sur le stade hépatique de *Plasmodium*. Notre démarche a donc été de rechercher ce type d'alcaloïdes dans les extraits éthanoliques d'écorces.

a. Extraction et isolement

Les écorces de tiges séchées et broyées ont été dégraissées par du cyclohexane puis extraites par macération dans de l'éthanol, pour donner l'extrait brut éthanolique **A2** (figure 19). Cet extrait a été fractionné par un traitement acide-base et la phase organique de dichlorométhane **A4** correspond à l'extrait brut alcaloïdique. L'évaluation de l'extrait **A4** sur le développement hépatique de *Plasmodium yoelii* en culture montre une faible activité, environ 10 fois inférieure à celle de la décoction (CI_{50} 79,6 ± 4,6 µg/ml). Une série de chromatographies sur silice et sur Sephadex a permis de fractionner cet extrait et a conduit à l'isolement de 6 composés : **EA 1** à **EA 6** (figure 19).

b. Structure de EA 1 : télitoxine

Le composé **EA 1** a été isolé sous forme d'une poudre amorphe jaune. Son spectre de masse à haute résolution sous ionisation chimique et en mode positif montre l'ion moléculaire protoné [M+H]+ à *m/z* 280,0974 (calculée : 280,0974 pour $C_{17}H_{14}NO_3$), correspondant à la formule brute C17H13NO3 et impliquant 12 degrés d'insaturation.

Le spectre de RMN du 13C, *J*-modulé (figure 20B), montre dans la région des carbones sp3, deux CH3 à 56,7 et 61,5 ppm, attribués à des méthoxyles. Dans la région des carbones sp2, on note la présence de six CH entre 103,7 et 144,3 ppm, ainsi que neuf carbones quaternaires entre 124,4 et 159,7 ppm. Les 17 atomes de carbone de la formule brute sont retrouvés.

Le spectre de RMN du 1H (figure 20A) montre deux singulets à 4,01 et 4,04 ppm intégrant pour trois protons chacun et correspondant aux deux méthoxyles. Dans la région des protons aromatiques, on distingue de 6,86 à 8,38 ppm la présence de six protons. L'analyse du spectre 1H-1H COSY permet de répartir ces protons dans deux systèmes de spins : un système formé par le proton H-4 à 7,44 ppm et le proton H-5 (d, *J ortho* = 5,9 Hz), dont le déplacement chimique à 8,38 ppm est expliqué par la liaison du carbone qui le porte avec un atome d'azote.

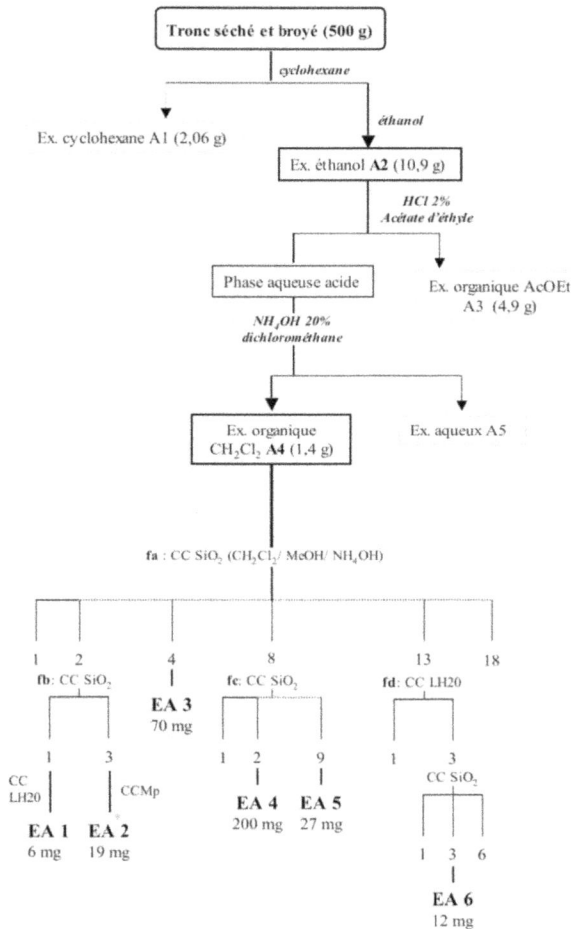

Figure 19 : Fractionnement des alcaloïdes totaux à partir
d'un extrait éthanolique d'écorces de tiges de *S. thouarsii*

Le deuxième système de spin forme un système ABX et est attribué aux protons d'un benzène 1,2,4- trisubstitué : H-9 à 6,86 ppm donne un couplage *ortho* ($J = 8,2$ Hz) avec H-10 à 7,79 ppm et un couplage *meta* ($J = 2,1$ Hz) avec H-7 à 7,42 ppm.

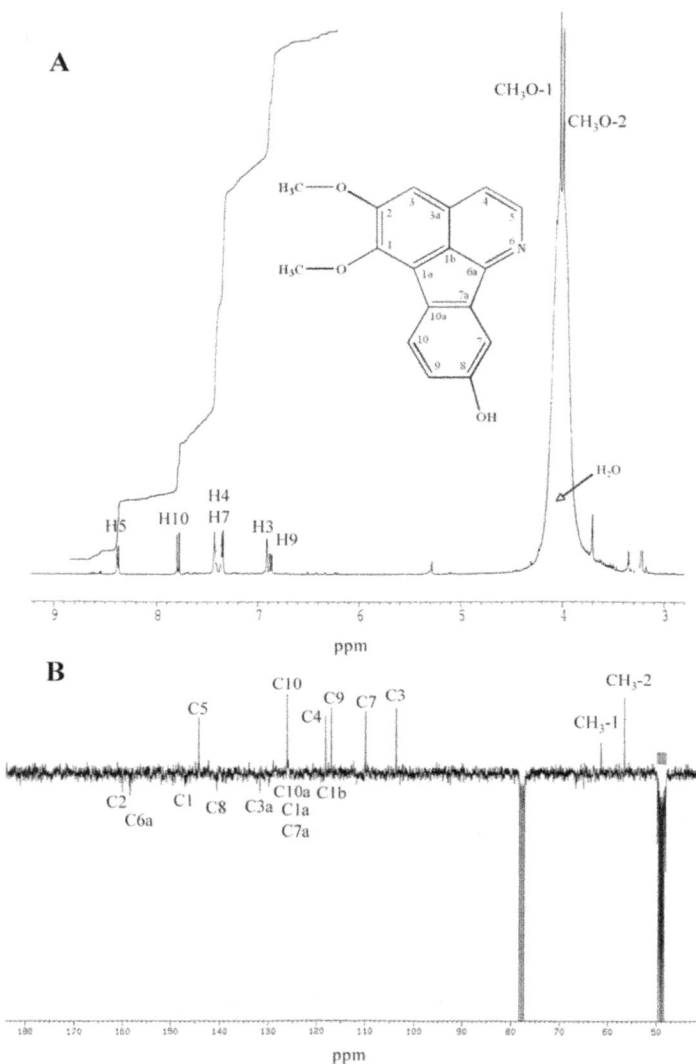

Figure 20 : Spectres de RMN 1H (A) et 13C (B) de la télitoxine EA 1
(δH 400 MHz, δC 75 MHz, 298 K, CDCl3 et CD3OD)

L'analyse des corrélations 1H-13C HMBC (figure 21B) permet de relier ces deux systèmes de spins, grâce aux corrélations des protons H-7, H-5 et H-10 avec le carbone quaternaire C-6a à 158,5 ppm. Les corrélations observées entre le proton H-5 et le carbone C-3a, ainsi que celles qui sont observées entre le proton H-4 et les carbones C-3 et C-1b, suggèrent un noyau isoquinoléine. Enfin, les corrélations NOE observées entre les protons méthoxyles CH₃O-1 et le proton H-10 (figure 21B)

36

permettent de relier le noyau isoquinoléine au noyau benzène tri-substitué, formant ainsi une structure azafluoranthène correspondant à celle de la télitoxine.

A

EA 1	δ C (ppm)	δ H (ppm), m, *J* (Hz)
1	146,3	-
1-OCH₃	61,5	4,04, s
1a	127,2	-
1b	124,4	-
2	159,7	-
2-OCH₃	56,7	4,01, s
3	103,7	6,91, d, *2,0*
3a	131,8	-
4	118,2	7,44, m, *2,0; 5,9*
5	144,3	8,38, d, *5,9*
6a	158,5	-
7a	127,3	-
7	109,9	7,42, m, *2,1*
8	140,7	-
9	117,1	6,86, dd, *2,1; 8,2*
10	126,2	7,79, d, *8,2*
10a	129,9	-

B

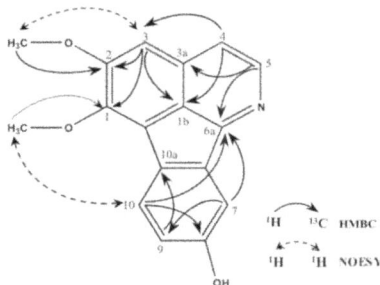

Figure 21 : Télitoxine EA 1
A, Données de RMN 1H et 13C (CDCl3 et CD3OD). B, Sélection de corrélations HMBC et NOE

Ce composé a été précédemment isolé des écorces de *Telitoxicum peruvianum*, une Ménispermacée amazonienne (Menachery M.D., Cava M.P., 1981). Seules 6 structures azafluoranthène ont été décrites à ce jour et toutes proviennent de Menispermaceae (Barbosa-Filho J.M. *et al.*, 2000). La synthèse totale de la télitoxine a été réalisée (Menachery M.D., Muthler C.D., 1987), mais aucune activité biologique n'a encore été décrite pour ce composé.

c. Structure de EA 2 : subsessiline

Le composé **EA 2** a été isolé sous forme d'une poudre rouge amorphe. Son spectre de masse sous ionisation ES en mode positif, montre l'ion moléculaire protoné [M+H]+ à *m/z* 338,097 (calc. 338,1028 pour $C_{19}H_{16}NO_5$), correspondant à la formule brute C19H15NO5, en accord avec les données RMN (1H et 13C) et impliquant 13 degrés d'insaturation.

Le spectre de RMN du 13C, *J*-modulé (figure 22B), montre la présence d'une cétone conjuguée à 183,7 ppm. Dans la région des carbones sp3, on note trois méthoxyles à 61,3, 61,9 et 62,3 ppm et dans la région des carbones sp2, cinq CH entre 114, 6 et 144,6 ppm et onze carbones quaternaires entre 117,1 et 160,1 ppm. Sur le spectre de RMN du 1H (figure 22A), on distingue cinq protons entre 7,19 et 8,94 ppm et les signaux des trois méthoxyles vers 4 ppm.

37

L'analyse du spectre 1H-1H COSY permet de répartir ces protons dans deux systèmes de spins. Dans un premier système, le proton H-11 à 8,94 ppm corrèle avec le proton H-10 à 7,19 ppm (*J ortho* = 9,1 Hz) et le proton H-10 corrèle avec le proton H-8 à 7,73 ppm (*J meta* = 2,9 Hz), formant ainsi un noyau benzène 1,2,4- trisubstitué. Dans un deuxième système, le proton H-5 à 8,79 ppm corrèle avec le proton H-4 à 8,28 ppm avec une constante de couplage (*J* = 5,3 Hz) caractéristique de deux protons en *ortho* sur un cycle pyridine substitué, comme pour le composé **EA 1** précédent.

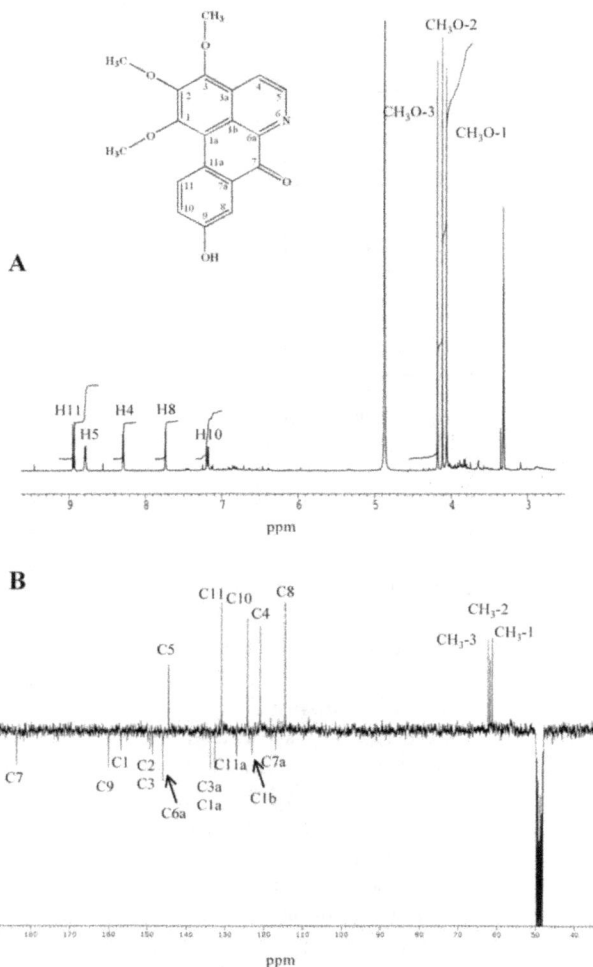

Figure 22 : Spectres de RMN 1H (A) et 13C (B) de la subsessiline EA 2
(δH 400 MHz, δC 75 MHz, 298 K, CD3OD)

38

L'analyse des corrélations HMBC (figure 23B) permet de définir de la même manière que **EA 1**, un noyau isoquinoléine portant en positions 1, 2 et 3 les trois méthoxyles. Les corrélations HMBC observées entre les protons H-8 et H-11 et le carbonyle à 183,7, celles qui sont observées entre le proton H-11 et le carbone C-1a, ainsi que les corrélations NOE entre les protons H-11 et CH$_3$O-1, définissent une structure de type oxoaporphine. Cette structure correspond à celle de la subsessiline, précédemment extraite des écorces de *T. peruvianum* (Menachery M.D., Cava M.P., 1981) et pour laquelle une synthèse totale a également été réalisée (Skiles J.W., Cava M.P., 1979). Aucune activité biologique n'a été précédemment décrite pour la subsessiline.

A

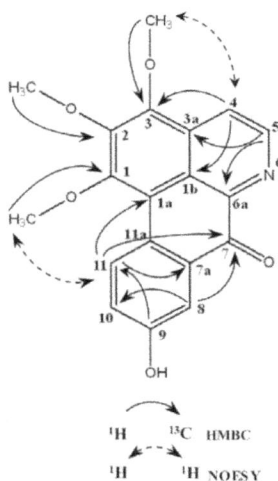

EA 2	δC (ppm)	δH (ppm), m, J (Hz)
1	156,9	-
1-OCH$_3$	61,3	4,06, s
1a	133,8	-
1b	123,1	-
2	149,3	-
2-OCH$_3$	61,9	4,11, s
3	148,7	-
3-OCH$_3$	62,4	4,18, s
3a	132,7	-
4	121,1	8,28, d, 5,3
5	144,6	8,79, d, 5,3
6a	146,0	-
7	183,7	-
7a	117,1	-
8	114,6	7,73, d, 2,9
9	160,1	-
10	124,3	7,19, dd, 2,9; 9,1
11	131,0	8,94, d, 9,1
11a	127,1	-

Figure 23 : Subsessiline EA 2
A, Données de RMN 1H et 13C (CD3OD). B, Sélection de corrélations HMBC et NOE

d. Structure de EA 3 : tétrandrine

Le composé **EA 3**, isolé sous forme d'une poudre marron non cristallisée est optiquement actif [α]$_D^{22}$ +260 (c 0,1 ; CH$_2$Cl$_2$). Son spectre de masse sous ionisation ES en mode positif montre l'ion moléculaire protoné [M+H]+ à *m/z* 623,306 (calc. 623,3121 pour C38H43N2O6), en accord avec la formule brute C$_{38}$H$_{42}$N$_2$O$_6$ compte tenu des données RMN (1H et 13C) et elle implique 19 degrés d'insaturation.
Le spectre du 13C, *J*-modulé (figure 24B), montre dans la région sp3 la présence de six CH2 entre 22,1 et 45,1 ppm, deux CH à 61,4 et 63,8 ppm et cinq CH3 à 42,3 et

42,4 ppm puis entre 54,8 et 60,2 ppm. Dans la région des carbones sp2, on note la présence de dix CH entre 105,7 et 132,6 ppm et de quatorze carbones quaternaires entre 123,0 et 153,7 ppm.

Le spectre de RMN du 1H (figure 24A) révèle la présence de dix protons aromatiques de 5,97 à 7,31 ppm, de quatre méthoxyles à 3,15, 3,34, 3,71 et 3,88 ppm, de deux *N*-méthyles à 2,31 et 2,59 ppm et de quatorze protons aliphatiques regroupés en six multiplets entre 2,35 et 3,84 ppm.

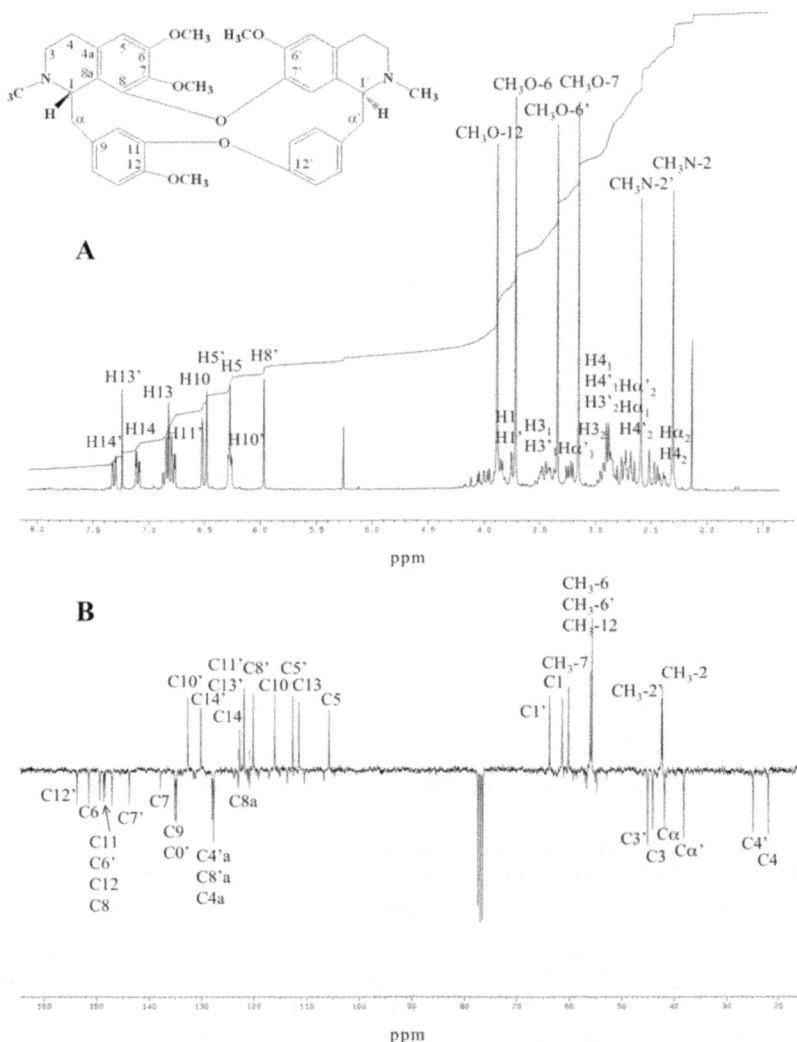

Figure 24 : Spectres de RMN 1H (A) et 13C (B) de la tétrandrine EA 3
(δH 400 MHz, δC 75 MHz, 298 K, CDCl3)

L'ensemble des données de RMN (tableau 7) du produit **EA 3** sont en accord avec celles de la tétrandrine précédemment isolée des racines de *S. thouarsii* (F. Frappier, données personnelles). Les deux unités benzylisoquinoléines du composé **EA 3** sont reliées entre elles par deux ponts éthers, l'un de type « tête à tête » entre les carbones C-8 et C-7' et l'autre de type « queue à queue » entre les carbones C-11 et C-12'. L'analyse du spectre NOESY de **EA 3** suggère la configuration relative (1*S**, 1'*S**) au niveau des carbones asymétriques C-1 et C- 1'. Le pouvoir rotatoire de **EA 3** (+260) est en accord avec la configuration absolue (1*S*, 1'*S*) décrite dans la littérature (tableau 4).

Stéréoisomères	Conf. Abs. (C1, C1')	[α]$_D$ (Cassels, B.K., *et al.*, 1980)
Tétrandrine	(S, S)	+ 241 (CHCl$_3$)
Phaeanthine	(R, R)	- 270 (CHCl$_3$)
Isotetrandrine	(R, S)	+151 (CHCl$_3$)

Tableau 4 : Pouvoirs rotatoires décrits pour les diastéréoisomères de la tétrandrine

e. Structure de EA 4 : fangchinoline

Le produit **EA 4** obtenu sous forme de cristaux bruns par recristallisation dans le diéthyléther (F = 232 °C), est optiquement actif [α]$_D$ 22 +227 (c 0,1 ; CH$_2$Cl$_2$). Sur le spectre de masse sous ionisation ES en mode positif, le pic moléculaire protoné [M+H]+ est observé à *m/z* 609,283 (calc. 609,2965 pour C$_{37}$H$_{41}$N$_2$O$_6$), correspondant à la formule brute C$_{37}$H$_{40}$N$_2$O$_6$ en accord avec les données RMN (1H et 13C) et impliquant 19 degrés d'insaturation.

Le spectre de RMN du 1H (figure 25A) montre la présence de dix protons aromatiques de 6,02 à 7,30 ppm, trois méthoxyles à 3,32, 3,73 et 3,89 ppm, deux *N*-méthyles à 2,30 et 2,58 ppm et 14 protons aliphatiques formant des multiplets entre 2,4 et 3,8 ppm. Le spectre de RMN du 13C, *J*-modulé (figure 25B) comporte dans la région des carbones sp3 six CH2 entre 21,8 et 45,2 ppm, deux CH à 61,4 et 63,7 ppm, deux *N*-méthyles à 42,3 et 42,6 ppm et trois méthoxyles à 56,1, 56,1 et 56,2 ppm.

On distingue également dans la région des carbones sp2, la présence de dix CH aromatiques entre 104,8 et 132,5 ppm et de quatorze carbones quaternaires entre 123,4 et 153,7 ppm. Les données RMN du produit **EA 4** (tableau 7) sont en accord avec celles de la fangchinoline, analogue de la tétrandrine et précédemment isolée des feuilles de *S. thouarsii* (Ratsimamanga-Urverg S. *et al.*, 1992). La mesure du pouvoir rotatoire (+221°) révèle la même configuration absolue que la tétrandrine (1*S*, 1'*S*) (tableau 5).

Stéréoisomères	Conf. Abs. (C1, C1')	[α]$_D$ (Cassels, B.K., *et al.*, 1980)
Fangchinoline	(S, S)	+ 250 (CHCl$_3$)
Limacine	(R, R)	- 212 (CHCl$_3$)
Thalrugosine	(R, S)	+ 87 (MeOH)

Tableau 5 : Pouvoirs rotatoires décrits pour les diastéréoisomères de la fangchinoline

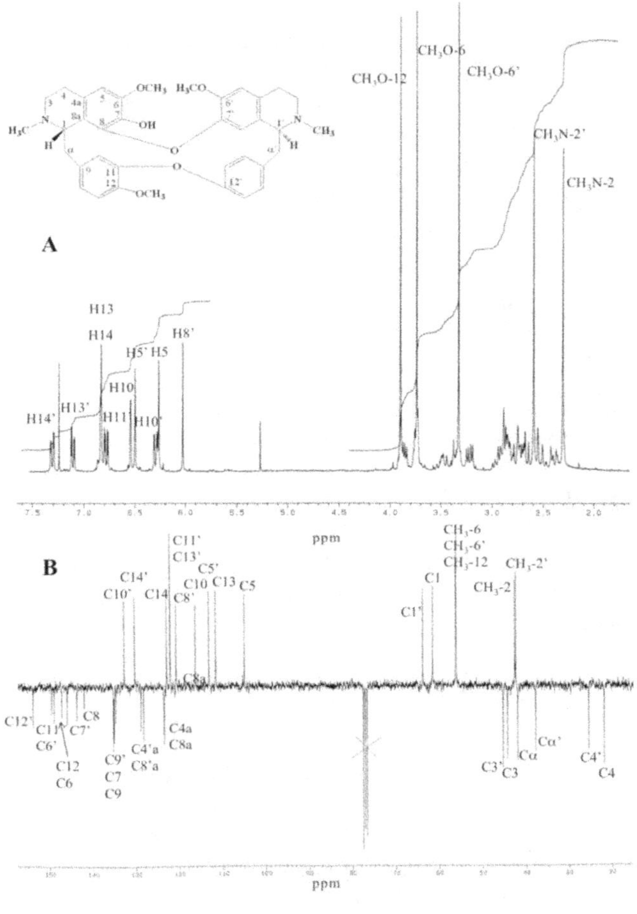

Figure 25 : Spectres de RMN 1H (A) et 13C (B) de la fangchinoline EA 4
(δH 400 MHz, δC 75 MHz, 298 K, CDCl3)

f. Structure de EA 5 : sel de *N*-chlorométhylfangchinolinium

Le produit **EA 5** isolé sous forme d'une poudre orangée non cristallisée est optiquement actif $[\alpha]_D$ 22 +158 (c 0,1 ; CH$_2$Cl$_2$). Le spectre de masse de **EA 5** à haute résolution en ionisation chimique donne deux pics moléculaires [M]+ à *m/z* 657,2669 et *m/z* 659,2750 dans les proportions de 3 pour 1 respectivement (calc. 657,2731 pour C$_{38}$H$_{42}$N$_2$O$_6$ (35)Cl), impliquant 19 degrés d'insaturation et la présence d'un atome de chlore.

Le spectre de RMN du 13C (figure 26B) se distingue de celui de la fangchinoline par la présence d'un CH2 supplémentaire à 68,8 ppm et du déplacement vers les champs faibles du carbone CH3-2'. Le spectre de RMN du 1H (figure 26A) diffère de celui de la fangchinoline par la présence de deux doublets (J = 10,1 Hz) à 5,32 et 5,30 ppm intégrant chacun pour un proton, et du déplacement vers les champs faibles des protons CH3-2' à 3,60 ppm, suggérant une quaternarisation de l'azote.

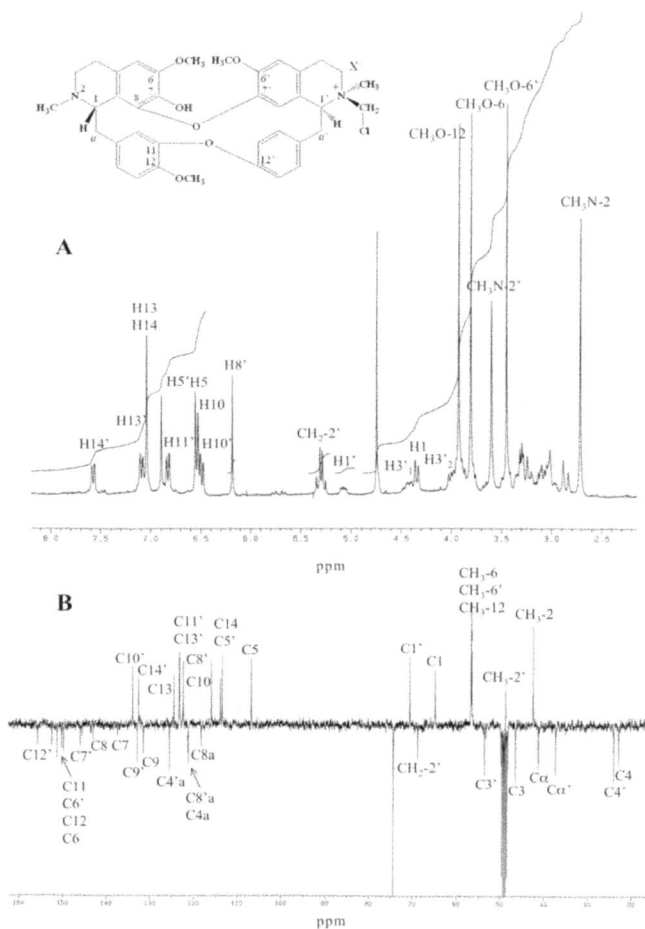

Figure 26 : Spectres de RMN 1H (A) et 13C (B) du sel de *N*-chlorométhylfangchinolinium EA 5
(δH 400 MHz, δC 75 MHz, 298 K, CD3OD)

Les corrélations HMBC du produit **EA 5** sont similaires à celles de la fangchinoline, à l'exception de celles qui sont observées entre les protons H-1', H-3', CH3-2' et le carbone CH2Cl-2' à 68,8 ppm positionnant ainsi le groupement chlorométhane en 2' sur l'atome d'azote. Le spectre NOESY de **EA 5** montre une corrélation entre les protons H-1'et CH3-2' et une absence de corrélation entre les protons H-1' et CH2Cl-2', déterminant ainsi la configuration absolue de l'atome d'azote 2' (figure 26). Les déplacements chimiques des carbones C-7 (137,5 ppm) et C-8 (143,0 ppm) étant proches, nous avons procédé à la méthylation de l'hydroxyle phénolique en position 7 de **EA 5** par le diazométhane (Pizey J.S., 1974), le but étant de confirmer la position du pont éther entre les sous-unités benzylisoquinoléines.

Le spectre de masse en ionisation ES+ du produit **EA 5'** obtenu, montre deux pics moléculaires [M]+ à m/z 671,264 et 673,278 dans les proportions de 3 pour 1 respectivement (calc. 671,2889 pour $C_{39}H_{44}N_2O_6$ (35)Cl), impliquant un groupement CH2 supplémentaire par rapport au composé **EA 5**. Son spectre de RMN du 1H diffère de celui de **EA 5** par la présence d'un singulet à 3,22 ppm et celui du 13C, par la présence d'un groupement méthoxyle supplémentaire. Le spectre HMBC de **EA 5'** montre que le proton H-5 et ceux du méthoxyle corrèlent avec le carbone quaternaire C-7 à 139,0 ppm, établissant ainsi la position du méthoxyle en C-7. Nous en déduisons que le composé **EA 5** est hydroxylé en C-7 et que le pont éther connecte les carbones C-8 et C-7'. **EA 5** appartient donc à la même série chimique que les deux composés précédents. Il s'agit d'un artefact d'ammonium quaternaire *N*chlorométhylé de la fangchinoline.

De tels artefacts ont déjà été décrits pour différents alcaloïdes, notamment la tétrandrine. La 2'-*N*-chlorométhyltétrandrine a été isolée des racines *Cyclea peltata* (Menispermaceae) (Kupchan S.M. *et al.*, 1973) ; tandis que la 2,2'-*N,N*dichlorométhyltétrandrine a été isolée des racines de *Stephania tetrandra* (Deng J.Z. *et al.*, 1991). Aucun artefact dû à la formation d'un dérivé *N*-chlorométhylé n'a cependant été décrit auparavant pour la fangchinoline.

g. Structure de EA 6 : athérospermoline

Le produit **EA 6** isolé sous forme d'un solide orangé non cristallisé est optiquement actif $[\alpha]_D$ 22 +198 (c 0,5 ; MeOH). Son spectre de masse présente le pic moléculaire protoné [M+H]+ en ionisation ES en mode positif à m/z 595,286 (calc. 595,2808 pour $C_{36}H_{39}N_2O_6$) impliquant la formule brute $C_{36}H_{38}N_2O_6$ et 19 degrés d'insaturation.

Le spectre de RMN du 1H de **EA 6** (figure 27A) se distingue de celui de **EA 4** par la présence de seulement deux groupements méthoxyles : un premier est observé à 3,35 ppm et un deuxième à 3,74 ppm. L'analyse des spectres de RMN à deux dimensions nous indique qu'il s'agit de la *de*-12-*O*-méthylfangchinoline connue sous le nom d'athérospermoline.

La valeur de son pouvoir rotatoire (+198) indique la même configuration absolue (1*S*, 1'*S*) des carbones C-1 et C-1'que les bisbenzylisoquinoléines décrites précédemment (tableau 6).

Stéréoisomères	Conf. Abs. (C1, C1')	[α]$_D$ (Cassels, B.K., et al., 1980)
Athérospermoline	(S, S)	+ 202 (CHCl$_3$)
Krokovine	(R, R)	- 180 (CHCl$_3$)
Obamegine	(R, S)	+273 (CHCl$_3$)
N-méthyl-7-O-deméthylpeinamine	(S, R)	-259 (CHCl$_3$)

Tableau 6 : Pouvoirs rotatoires décrits pour les diastéréoisomères de l'athérospermoline

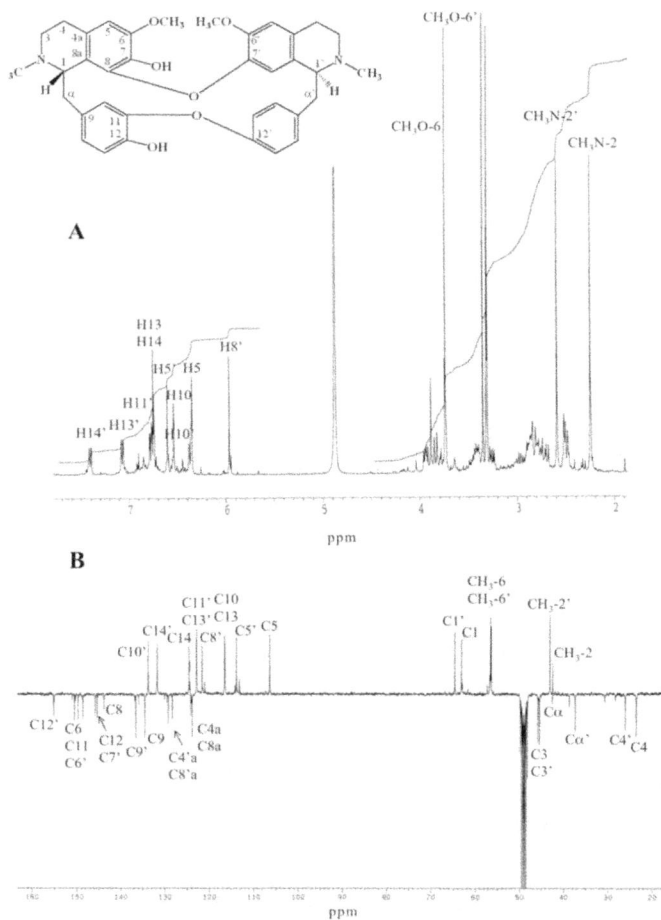

Figure 27 : Spectres de RMN 1H (A) et 13C (B) de l'athérospermoline EA 6
(δH 400 MHz, δC 75 MHz, 298 K, CD3OD)

45

Carbone N°	δC EA 3	δC EA 4	δC EA 5	δC EA 6	δH, multiplicité, J (Hz) EA 3	δH, multiplicité, J (Hz) EA 4	δH, multiplicité, J (Hz) EA 5	δH, multiplicité, J (Hz) EA 6
1	61,4	61,4	64,9	63,1	3,85, m	3,85, m	4,33, d, 9,8	3,80, m
1'	63,8	63,7	70,6	64,6	3,85, m	3,85, m	5,07, m	3,84, m
2-NCH$_3$	42,3	42,3	42,4	43,1	2,31, s	2,30, s	2,71. s	2,24, s
2'-NCH$_3$	42,4	42,6	49,0	42,4	2,59, s	2,58, s	3,60, s	2,59. s
2'-NCH$_2$Cl	-	-	68,8	-	-	-	5.30, 2d, 10,1	-
3	44,1	44,2	46,4	45,4	3_1: 3,41, m 3_2: 2,93, m	3_1: 3,9, m 3_2: 3,39, m	3_1: 3,9, m 3_2: 3,3, m	3_1: 3,39, m 3_2: 2,68, m
3'	45,1	45,2	53,6	45,8	$3'_1$: 3,41, m $3'_2$: 2,92, m	$3'_1$: 3,41, m $3'_2$: 2,92, m	$3'_1$: 4,36, m $3'_2$: 3,99, m	$3'_1$: 3,39, m $3'_2$: 2,76, m
4	22,1	21,8	22,9	23,6	4_1: 2,86, m 4_2: 2,40, m	4_1: 2,86, m 4_2: 2,40, m	4_1: 2,89, m 4_2: 2,70, m	4_1: 2,96, m 4_2: 2,49, m
4a	127,7	123,4	121,3	124,2	-	-	-	-
4'	25,0	25,4	24,0	45,4	$4'_1$: 2,86, m $4'_2$: 2,73, m	$4'_1$: 2,86, m $4'_2$: 2,73, m	$4'_1$: 3,05, m $4'_2$: 2,86, m	$4'_1$, $4'_2$: 2,90, m
4'a	128,0	128,0	125,5	128,3	-	-	-	-
5	105,7	104,8	106,6	106,4	6,27, s	6,26, s	6,55, s	6,37, s
5'	112,6	113,0	114,0	113,9	6,48, s	6,49, s	6,89, s	6,74, s
6	151,4	145,7	150,3	148,6	-	-	-	-
6-OCH$_3$	54,8	56,1	56,6	56,6	3,71, s	3,73, s	3,80, s	3,74, s
6'	148,6	148,7	152,5	150,5	-	-	-	-
6'-OCH$_3$	54,8	56,1	56,6	56,4	3,34, s	3,32, s	3,45, s	3,35, s
7	137,8	134,9	137,5	136,5	-	-	-	-
7'	143,7	143,5	146,0	145,4	-	-	-	-
8	148,4	141,8	143,0	143,5	-	-	-	-
8a	123,0	123,3	118,3	124,4	-	-	-	-
8'	120,2	120,6	122,5	121,6	5,97, s	6,02, s	6,18, s	5,97, s
8'a	127,7	128,6	121,4	129,2	-	-	-	-
α	41,8	41,9	41,2	42,8	α_1: 2,74, m α_2: 2,67, m	α_1: 2,74, m α_2: 2,67. m	α_1: 3,8, m α_2: 3,25, m	α_1: 2,76, m α_2: 2,49. m
α'	38,2	37,8	37,3	37,4	α'_1:3,23,dd, 5,6; 12,4 α'_2: 2,67, m	α'_1:3,21,dd, 5,5; 12,5 α'_2: 2,67, m	α'_1: 3,02, m α'_2: 2,80, m	α'_1: 3,27, dd, 5,6; 12,4 α'_2: 2,85, m
9	134,7	134,6	131,5	134,5	-	-	-	-
9'	135,0	135,1	132,9	136,5	-	-	-	-
10	116,1	116,1	116,1	116,5	6,52, d, 1,2	6,54, d, 1,1	6,53, s	6,60, s
10'	132,6	132,5	134,0	133,7	6,27, m	6,29,dd, 2,0; 8,5	6,49,dd, 2,5; 8,3	6,37, m
11	149,3	149,3	151,3	149,6	-	6,77,dd, 2,6; 8,5	6,83,dd, 2,5; 8,3	-
11'	121,9	121,9	123,3	122,9	6,78,dd, 4; 7,9	-	-	6,79, m
12	147,0	147,0	149,9	145,8	-	-	-	-
12-OCH$_3$	55,8	56,2	56,7	-	3,88, s	3,89, s	3,92, s	-
12'	153,7	145,7	155,7	155,1	-	-	-	-
13	111,5	111,5	113,5	116,6	6,82, m	6,82, m	7,04, s	6,75, m
13'	121,9	121,9	123,4	122,9	7,10,dd, 2,4; 8,2	7,10,dd, 2,6; 8,3	7,09,dd, 2,5; 8,3	7,07, dd, 2,5; 8,2
14	122,7	122,7	124,6	124,5	6,86,dd, 1,2; 9,6	6,82, m	7,04, m	6,75, m
14'	130,1	130,1	132,6	131,7	7,31,dd, 1,8; 8,2	7,30,dd, 2,0; 8,2	7,57,dd, 2,1; 8,3	7,41, dd, 2,0; 8,2

Tableau 7 : Données de RMN 1H et 13C des bisbenzylisoquinoléines tétrandrine EA 3 (CDCl3), fangchinoline EA 4 (CDCl3), sel de *N*- chlorométhylfangchinolinium EA 5 (CD3OD) et athérospermoline EA 6 (CD3OD)

h. Activité des alcaloïdes EA 1 – EA 6 sur le développement hépatique de *Plasmodium yoelii in vitro*

L'étude des alcaloïdes contenus dans l'extrait éthanolique des écorces de tiges de *S. thouarsii* a conduit à l'isolement de six alcaloïdes majoritaires EA 1 – EA 6. Il s'agit de la télitoxine (azafluoranthène), de la subsessiline (oxoaporphine) et de quatre bisbenzylisoquinoléines analogues (la tétrandrine, la fangchinoline, le sel de

N-chlorométhylfangchinolinium et l'athérospermoline). L'évaluation de ces composés sur le développement hépatique de *P. yoelii* en culture montre qu'aucun composé n'est actif à ce stade : le nombre et la taille des parasites se développant dans les hépatocytes de souris sont identiques dans les cultures témoins et dans les cultures traitées (de 0 à 100 μM) avec chacun des composés. De plus, l'observation microscopique des hépatocytes cultivés en présence des bisbenzylisoquinoléines EA 3 à EA 6, révèle une forte cytotoxicité de ces composés à partir de 20 μM.

	Activité antipaludique IC_{50} *Pf* FcB1 (μM)	Cytotoxicité		Sélectivité TC_{50} KB / IC_{50} *Pf*
		TC_{50} KB (μM)	TC_{50} HT-29 (μM)	
Chloroquine (référence)	*0,15 ±0,02*	-	-	-
Vinblastine (référence)	-	*0,023 ±0,007*	*0,009 ±0,001*	-
Extrait A4 (μg/ml)	0,42 ±0,18	3,2 ±0,025	7,5 ±0,95	7,6
Télitoxine EA 1	8,7 ±0,9	202,5 ±3,2	> 280	**23,3**
Subsessiline EA 2	2,6 ±0,03	61,9 ±8,7	90,6 ±8,4	**23,8**
Tétrandrine EA 3	0,45 ±0,03	6,3 ±1,0	10,7 ±0,09	**14**
Fangchinoline EA 4	0,18 ±0,05	10,0 ±0,02	10,5 ±0,2	**55,6**
***N*-chlorométhylfangchinolinium EA 5**	2,6 ±0,08	14,8 ±0,6	17,3 ±1,4	**5,7**
Athérospermoline EA 6	0,3 ±0,03	9,9 ±0,1	28,0 ±1,2	**33**

Tableau 8 : Activité des alcaloïdes EA 1 – EA 6 isolés de l'extrait éthanolique
des écorces de tiges, sur le stade érythrocytaire de *Plasmodium falciparum* (*Pf*) in vitro

Les alcaloïdes de l'extrait éthanolique des écorces de *S. thouarsii*, notamment la fangchinoline et tétrandrine connues pour être actives *in vitro* sur le cycle érythrocytaire de *Plasmodium*, ne sont donc pas actifs sur le stade hépatique. Les constituants contenus dans la décoction et responsables de l'activité observée sur le stade hépatique de *Plasmodium* (CI50 8,5 ± 0,7 μg/ml) doivent être différents de ceux qui sont trouvés majoritairement dans l'extrait éthanolique des écorces. L'identification de ces composés nécessite donc une autre stratégie de recherche.

i. Activité des alcaloïdes EA 1 – EA 6 sur le cycle érythrocytaire de *Plasmodium falciparum in vitro*

L'extrait alcaloïdique **A4** montrant une forte activité inhibitrice sur le développement érythrocytaire de *P. falciparum* (CI_{50} 0,42 ±0,18 μg/ml), l'évaluation à ce stade des six alcaloïdes **EA 1 – EA 6** isolés à partir de cet extrait paraissait intéressante. L'activité de ces alcaloïdes (tableau 8) sur les formes érythrocytaires de *P. falciparum* (souche FcB1) est moyenne (CI_{50} de 0,18 à 8,7 μM). L'évaluation de leur cytotoxicité sur les lignées KB (cellules tumorales du nasopharynx) et HT-29 (cellules tumorales du colon) montre des TC_{50} allant de 3,2 à 202,5 μM sur les cellules KB et de 7,5 à plus de 280 μM sur les cellules HT-29.

Tronc séché et broyé (500 g)

MeOH

Ex. méthanol (22 g)

H₂O

Ex. aqueux 1 | Précipité (9,8 g)

CH₂Cl₂

Ex. aqueux 2 | Ex. CH₂Cl₂ (0,23 g)

fa: CC RP2

1 (9,4 g)   2   3

fb: CC SiO₂ (CH₂Cl₂/ MeOH/ NH₄OH)

1   5   6   7   12

EA 4
35 mg

1   2   7   1   4   7

EA 4   EA 6
4 mg   21 mg

fc: CC LH20

fd: CC SiO₂

1   5   6   7   8

CCMp   CCMp

EM 4   **EM 2**
2 mg   55 mg

1   2

CCMp   CCMp

EM 3   **EM 1**
27 mg   80 mg

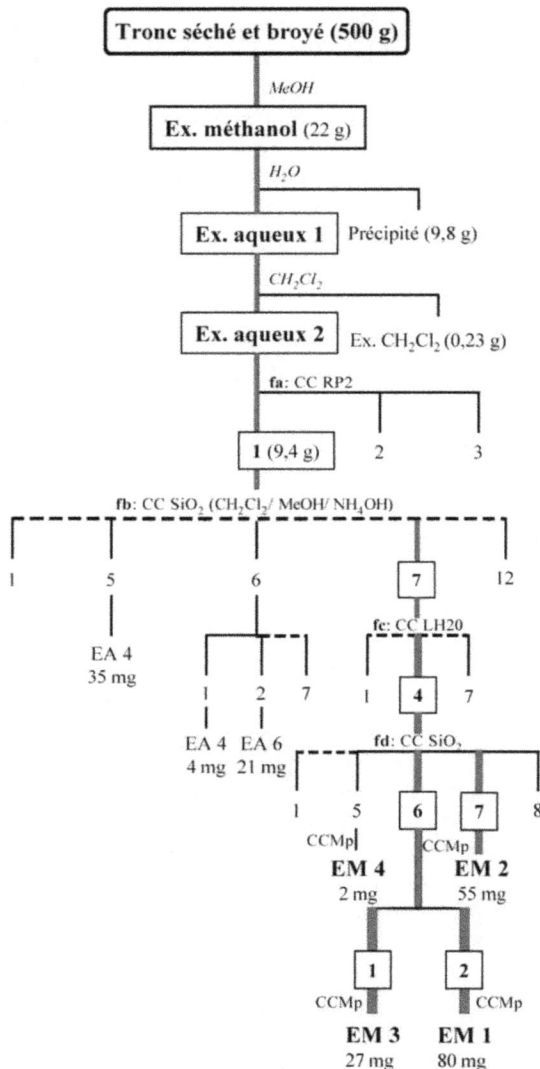

Figure 28 : Fractionnement bio-guidé de l'extrait méthanolique des écorces
de tiges de *S. thouarsii* (en rouge sont représentées les fractions actives)

La cytotoxicité des composés étant plus importante sur les cellules KB que sur les cellules HT-29, les index de sélectivité (*IS :* rapport entre la cytotoxicité et l'activité), ont été calculés sur les cellules KB. Ces index (*IS* de 5,7 à 55,6) (Tableau 8) suggèrent une inhibition sélective des composés **EA 1 – EA 6** sur le développement de *P. falciparum in vitro*. La télitoxine et la subsessiline, pour lesquelles aucune activité biologique n'a été décrite, présentent des index de 23, tandis que la fangchinoline et l'athérospermoline avec des index respectivement à 55 et 33, sont plus sélectives que la tétrandrine et le sel de Nchlorométhylfangchinolinium.

La quaternisation de l'atome d'azote 2' de la fangchinoline par un groupement chlorométhyle semble cependant préjudiciable pour l'activité de la fangchinoline, alors diminuée de 15 fois.

2. Fractionnement bio-guidé de l'extrait méthanolique des écorces de tiges sur le développement hépatique de *Plasmodium yoelii in vitro*

L'évaluation de l'extrait méthanolique des écorces de tiges de *S. thouarsii* sur le développement hépatique de *P. yoelii* dans des cultures d'hépatocytes de souris montre une activité proche de celle de la décoction (CI$_{50}$ 12,5 ± 3,5 µg/ml). Afin d'optimiser l'efficacité du fractionnement de l'extrait méthanolique et d'isoler les composés actifs, un fractionnement bio-guidé à été effectué.

a. Fractionnement bio-guidé et purification des composés actifs

Les écorces de tiges séchées et broyées ont été extraites par macérations répétées dans du méthanol, jusqu'à l'épuisement du marc. Après l'extraction au dichlorométhane de la solution aqueuse de l'extrait méthanolique, l'activité a été retrouvée principalement dans la fraction aqueuse. Celle-ci a alors été fractionnée par chromatographies successives (figure 28) sur *i*) une phase de silice en phase inverse (**fa**), *ii*) une phase de silice en phase normale (**fb**), *iii*) un gel de Sephadex (**fc**). A chaque étape du fractionnement, les fractions ont été testées. Seules les fractions inhibant le développement hépatique de *P. yoelii* ont été purifiées de nouveau. Ce fractionnement à conduit à l'obtention des produits purs et actifs **EM 1** à **EM 3**. La présence de la fangchinoline **EA 4**, de l'athérospermoline **EA 6** et du composé **EM 4** a également été décelée dans les fractions apolaires et inactives de l'extrait.

b. Structure de EM 1 : tazopsine

Le composé **EM 1** a été isolé sous forme d'un solide jaune clair non cristallisé et optiquement actif, [α]$_D$ 22 − 46 (c 0,5 ; MeOH). Son spectre de masse à haute résolution sous ionisation chimique en mode positif montre l'ion moléculaire protoné [M+H]+ à *m/z* 350,1608 (calc. 350,1604 pour C18H24NO6), correspondant à la formule brute $C_{18}H_{23}NO_6$ et impliquant 8 degrés d'insaturation. Son spectre d'absorption UV dans le méthanol présente 3 maxima à λmax 207, 242 et 282.

Dans le spectre de RMN du 13C, *J*-modulé (figure 29B) de **EM 1** sont observés dans la région des carbones sp3, quatre CH2 ou carbones quaternaires (Cq) entre 37,5 et 40,9 ppm, six CH ou CH3 entre 53,1 et 73,3 ppm et dans la région des carbones sp2, deux CH à 110,7 et 121,9 ppm et six CH2 ou Cq entre 121,1 et 149,2 ppm. Les 18 carbones de la formule brute sont retrouvés.

Le spectre de RMN du 1H (figure 29A) montre dans la région des protons aromatiques, la présence de deux protons à 6,86 et 6,90 ppm et dans la région des protons aliphatiques, de quatre protons entre 3,86 et 4,53 ppm, de deux groupements méthoxyles à 3,69 et 3,86 ppm et de six protons entre 1,84 et 2,95 ppm.

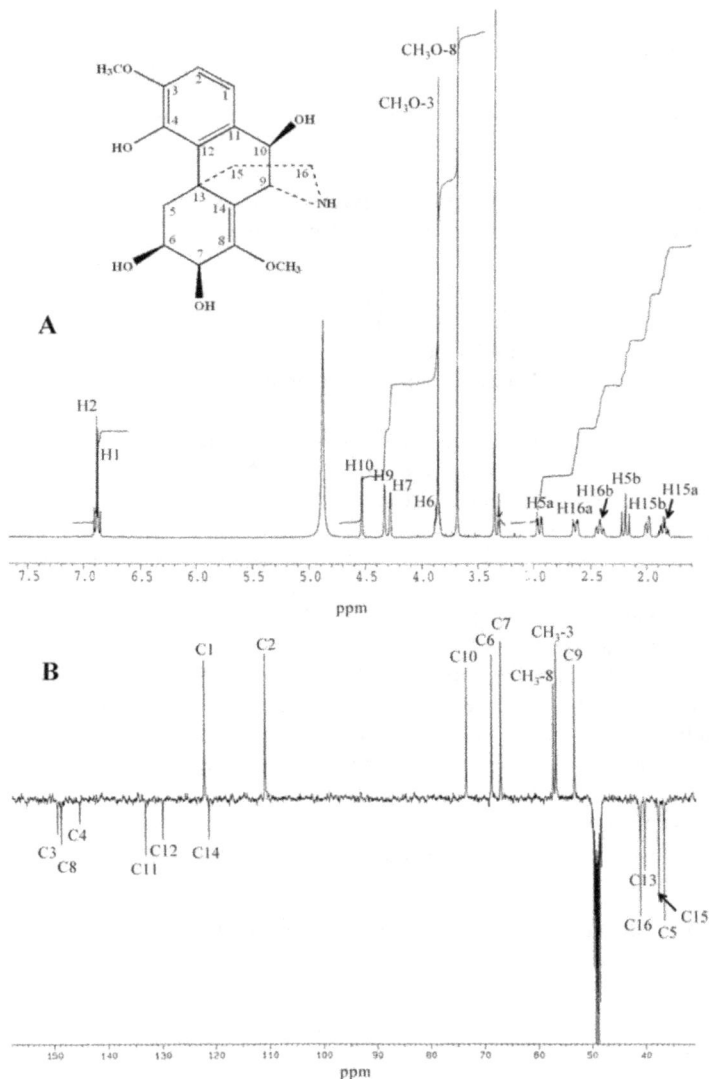

Figure 29 : Spectres de RMN 1H (A) et 13C (B) de la tazopsine EM 1
(δH 400 MHz, δC 75 MHz, 298 K, CD3OD)

L'analyse du spectre HSQC (figure 30A), indique que les six protons entre 6,90 et 3,86 ppm peuvent être attribués à des groupements méthines, tandis que les six protons entre 2,95 et 1,84 ppm correspondent à trois méthylènes non équivalents : les protons H-5a à 2,95 ppm et H-5b à 2,19 ppm sont portés par le carbone C-5 à 36,5 ppm, les protons H-15a à 1,84 ppm et H-15b à 1,99 ppm sont portés par le carbone C-

15 à 37,5 ppm et les protons H-16a à 2,64 ppm et 2,42 ppm sont portés par le carbone C-16 à 40,9 ppm.

L'analyse du spectre COSY 1H-1H (figure 30B) relie ces protons en quatre systèmes de spins **a**, **b**, **c et d** (figure 31).

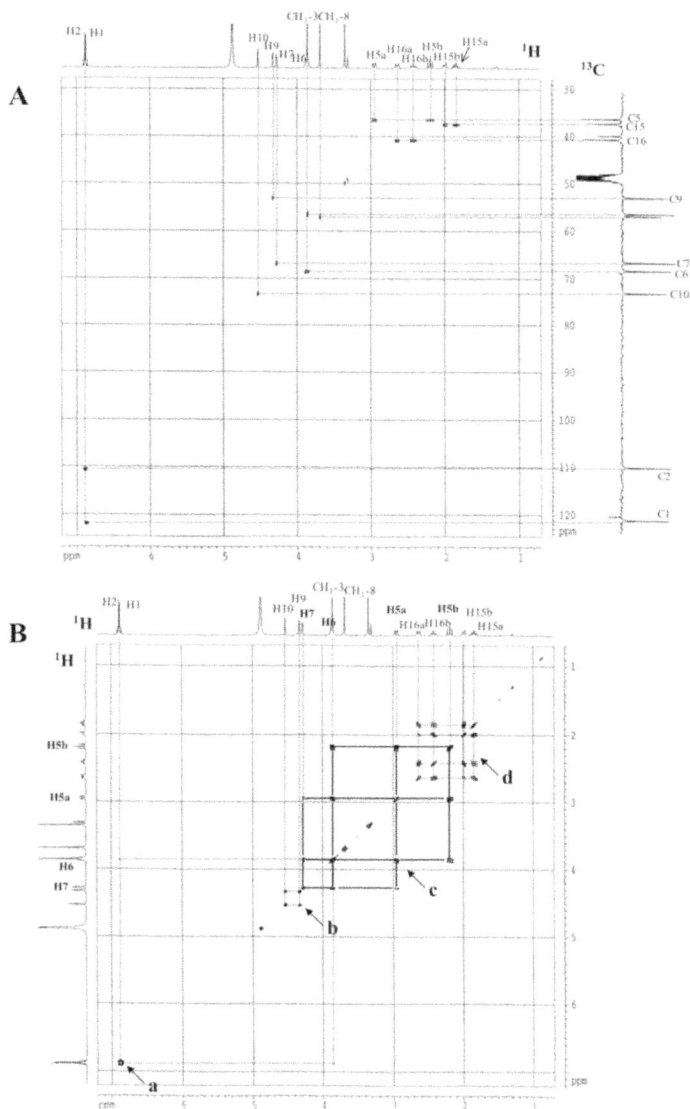

Figure 30 : Spectres de RMN HSQC (A) et COSY (B) de la tazopsine EM 1 (CD3OD, 1H 400 MHz, 298 K)

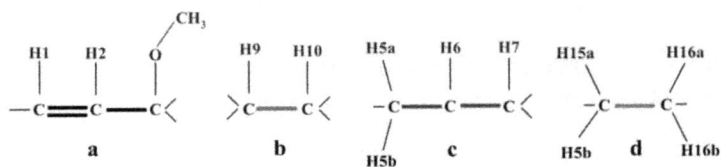

Figure 31 : Fragments de structure de la tazopsine EM 1

A

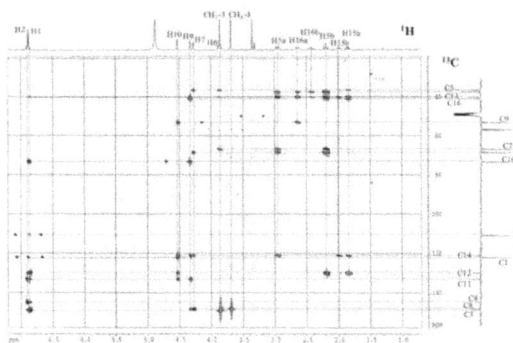

B

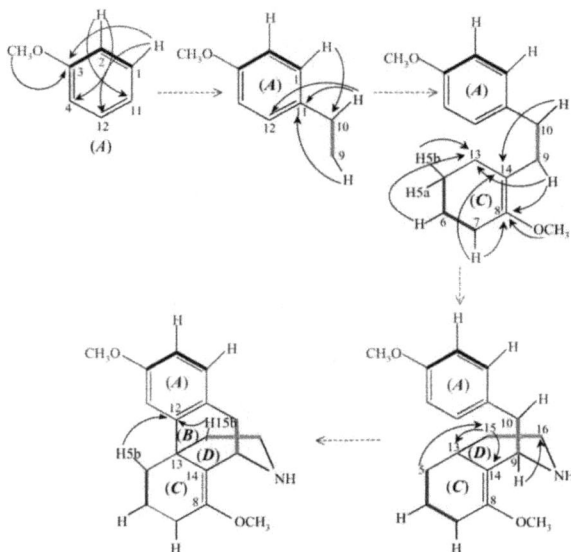

Figure 32 : (A) Spectres de RMN HMBC et (B) Sélection de corrélations HMBC (1H →13C) de la tazopsine EM 1, liant les 4 systèmes de spins : a (en noir), b (en rouge), c (en bleu) et d (en vert)

L'analyse du spectre HMBC (figure 32A), permet de connecter ces quatre systèmes de spins avec les six carbones quaternaires sp2 et le carbone quaternaire sp3 observés sur le spectre du 13C. Les corrélations HMBC entre le proton H-1 et les carbones C-12 et C-3 respectivement à 129,8 et 149,2 ppm, celles qui sont entre les protons du méthoxyle à 3,86 ppm et le carbone C-3 et enfin celles qui sont entre le proton H-2 et les carbones C-11 et C-4 respectivement à 132,9 et 145,1 ppm définissent un noyau benzénique tétrasubstitué (*A*) (figure 32B). Les corrélations observées entre le proton H-1 et le carbone C-10, le proton H- 10 et les carbones C-11 et C-12 et le proton H-9 et le carbone C-11, relient les systèmes de spins **a** et **b** entre eux. De plus, les corrélations des protons H-10 (système **b**) avec le carbone C-14 à 121,1 ppm, du proton H-9 avec le carbone C-13 à 40,1 ppm et les corrélations des protons H-5a, H-5b et H-6 (système **c**) avec le carbone C-13 ainsi que celles des protons H-5a et H-7 avec le carbone C-14, relient les systèmes **ab** et **c**. Ceci est confirmé par les corrélations des protons H-7 et H-9 avec le carbone C-8. Les déplacements chimiques des carbones C-14 (121,1 ppm) et C-8 (148,5 ppm), ainsi que les corrélations HMBC observées entre les protons méthoxyles à 3,69 ppm et le carbone C-8, indiquent les substituants de la double liaison C8 = C14, appartenant au cycle à six carbones (*C*) et permet de relier les systèmes **ab** et **c** entre eux (figure 32B). Les déplacements chimiques des carbones C-9 (53,1 ppm) et C-16 (40,9 ppm) suggèrent leur attachement à un atome d'azote. Les corrélations HMBC observées entre le proton H-9 et le carbone C-16, entre les protons H-5 et le carbone C-15 et celles qui sont entre les protons H-15 et les carbones C-13 et C-14, lient les systèmes **abc** et **d** par la liaison C13 – C14 et forment ainsi un troisième cycle (*D*) (figure 32B). De plus, les corrélations observées entre les protons H-5b et H-15b et le carbone C-12, permettent de relier le cycle (*A*) aux cycles (*C*) et (*D*), par la liaison C12 – C13, ce qui forme un quatrième cycle (*B*) (figure 32B) et détermine un squelette de type morphinane. Pour finir, les quatre groupements hydroxyles sont positionnés sur les carbones C-4, C-6, C-7 et C-10, en accord avec les déplacements chimiques de ces carbones et les quatre atomes d'oxygènes restants de la formule brute.

L'attribution par RMN de la structure du composé **EM 1** définit ainsi le 4,6,7,10-tétrahydroxy-8,14-didéhydro-3,8-diméthoxymorphinane. Ce produit n'ayant jamais été décrit auparavant, nous l'avons nommé tazopsine.
L'analyse des constantes de couplage entre H-6 et H-7 (J = 2,7 Hz) et entre H-10 et H- 9 (J = 2,2 Hz) indique une conformation axiale – équatoriale de ces protons sur les cycles respectifs (*C*) et (*B*). De plus, l'analyse du spectre NOESY (figure 33) indique des corrélations entre les protons H-1 et H-10, H-10 et H-16b d'une part et entre H-6 et H-15a, H- 5a et H-15b d'autre part, en faveur de la configuration relative (6*S**, 7*S**, 9*R**, 10*R**, 13*S**) (figure 34). La corrélation NOE observée entre les protons H-10 et H-16b détermine une conformation chaise pour l'hétérocycle (*D*).

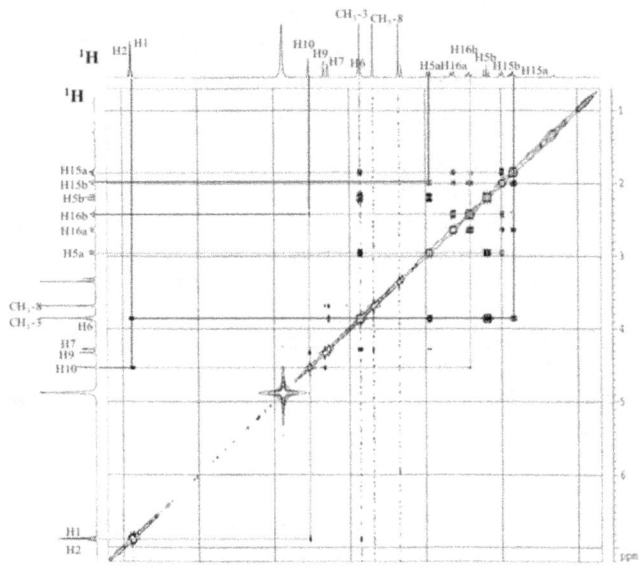

Figure 33 : Spectre de RMN NOESY de la tazopsine EM 1
(CD3OD, 1H 400 MHz, 298 K)

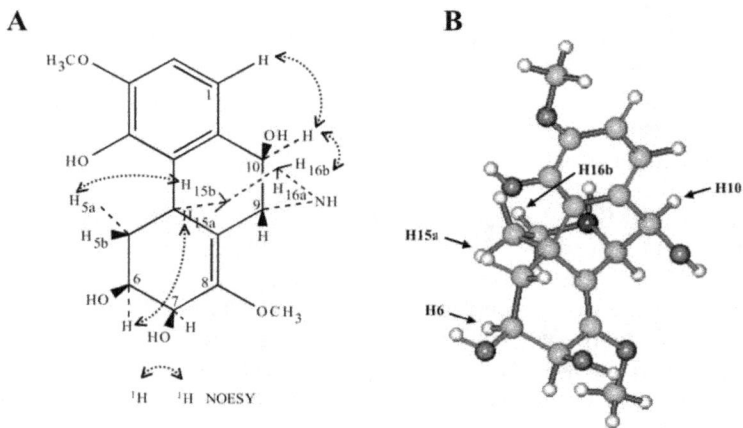

Figure 34 : (A) Sélection de corrélations NOE de la tazopsine EM 1
(B) Structure tri-dimensionnelle de la tazopsine EM 1

c. Détermination de la configuration absolue de la tazopsine EM 1

i. Dichroïsme circulaire

La configuration absolue de la tazopsine **EM 1** a été déterminée par dichroïsme circulaire. Le spectre de DC de la tazopsine dans le méthanol (figure 35A) présente un effet Cotton positif à 242 nm, témoignant d'une chiralité positive entre les deux chromophores de la molécule (le cycle benzène (*A*) et la double liaison C8 = C14) (Kametani T. *et al.*, 1969; Harada N. *et al.*, 1981). Le modèle moléculaire montre que cette chiralité positive n'est possible que si la configuration absolue au niveau du carbone C-9 de la tazopsine est (*R*) (figure 35B). De plus, le spectre de DC de la sinococuline **EM 3** dans le méthanol est superposable à celui de la tazopsine et conforme aux données de la littérature (Itokawa H. *et al.*, 1987). On en déduit que les deux molécules ont donc la même configuration absolue, correspondant pour la tazopsine à une configuration (6*S*, 7*S*, 9*R*, 10*R*, 13*S*).

L'attribution de la configuration absolue de la tazopsine **EM 1**, qui est le composé majoritaire et actif de l'extrait méthanolique de *S. thouarsii*, était déterminante pour les études pharmacochimiques ultérieures. Aussi, la confirmation de cette stéréochimie a été obtenue par une méthode complémentaire.

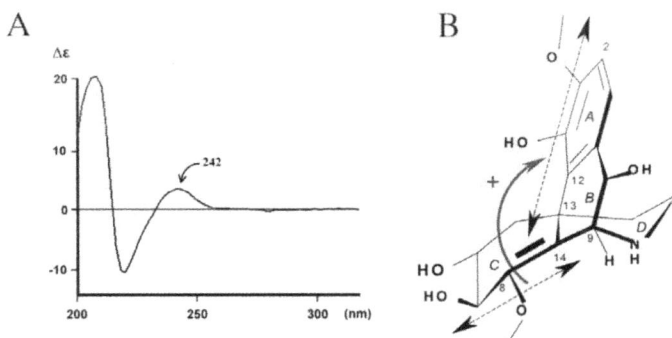

Figure 35:A, Spectre de dichroïsme circulaire de la tazopsine EM 1 (c 1,20 × 10-3,MeOH : Δε +5,11 (242 nm). B, Transition électrique positive entre les deux chromophores de la tazopsine

ii. Analyse RMN à haute résolution de la (S)-BPG-tazopsine amide

La détermination de la configuration absolue des carbones asymétriques des produits naturels est l'un des problèmes majeurs rencontrés pour élucider totalement leur structure. La méthode de choix est la cristallographie par rayons X, à condition que le composé possède un atome lourd (Cl, Br, I) et donne des cristaux de bonne qualité, qui diffractent. Tel n'a pas été le cas pour la tazopsine et ses dérivés.

Une autre méthode de détermination de la configuration absolue est la dérivation d'alcools secondaires ou d'amines primaires par des agents chiraux auxiliaires aromatiques, sous leur forme énantiomérique (*R*) et (*S*). Les agents les plus utilisés sont les acides méthoxyphénylacétique (MPA) (Trost B.M. *et al.*, 1986) et méthoxytrifluorométhylphénylacétique (MTPA) (Dale J.A., Mosher H.S., 1973; Sullivan G.R. *et al.*, 1973; Ohtani I. *et al.*, 1991; Takahashi H. *et al.*, 1999) pour lesquels l'analyse par cristallographie, les calculs de mécanique moléculaire et les expériences de RMN dynamique montrent des conformères stables (Latypov S.K. *et al.*, 1995).

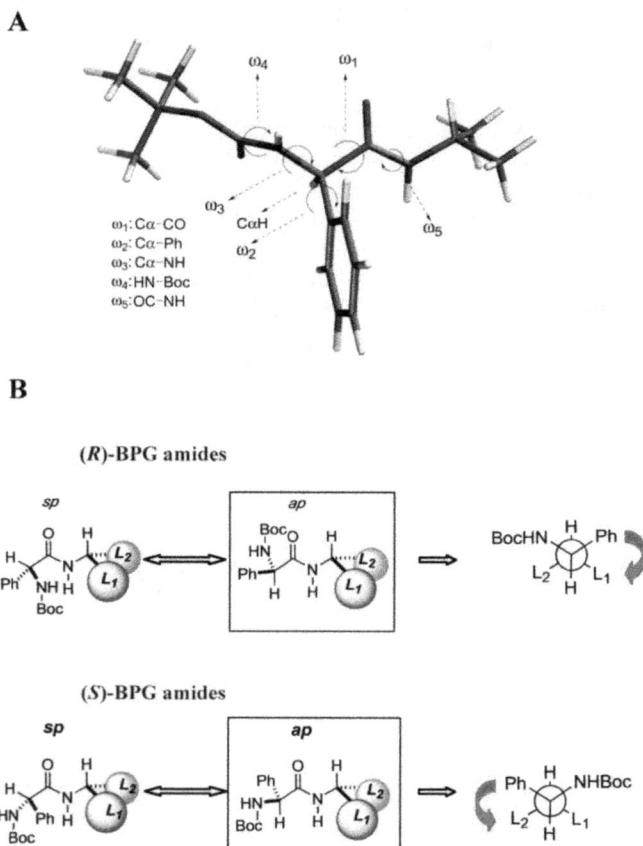

A

ω_1: Cα-CO
ω_2: Cα-Ph
ω_3: Cα-NH
ω_4: HN-Boc
ω_5: OC-NH

B

Figure 36 : A, Conformères générés par la formation des amides BPG. B, Stabilité du conformère *ap* et modèle simplifié d'attribution de la configuration des amides BPG. D'après (Seco J.M. *et al.*, 2004)

Cette méthode est fondée sur le blindage exercé par le noyau aromatique de l'agent chiral (effet anisotrope), dans sa forme énantiomérique (*R*) ou (*S*), sur les protons des substituants du carbone α- chiral d'un alcool secondaire ou d'une amine primaire. Une analyse par RMN à haute résolution des déplacements chimiques des deux diastéréoisomères formés par la dérivation de l'alcool secondaire ou de l'amine primaire avec les deux énantiomères de l'agent chiral, renseigne quant à elle sur la disposition spatiale des substituants du carbone chiral.

La principale limite à cette méthode est l'obtention des deux diatéréoisomères (R) et (S) et en quantité suffisante pour l'analyse RMN. Des études récentes rapportent que dans certains cas, l'analyse d'un seul diastéréoisomère peut être suffisante : soit lorsque l'agent chiral introduit exerce un effet anisotropique (les déplacements chimiques des protons des substituants du carbone α- chiral sont fortement modifiés), soit par une modification sélective de l'équilibre conformationnel du dérivé formé. Dans le premier cas, un exemple est fournit par la dérivation d'alcools secondaires par le (R) ou le (S) acide 9-anthrylméthoxyacétique (9- AMA) dont l'influence se traduit par des modifications de déplacements chimiques pour chacun des esters de plus de 0,6 ppm, permettant d'orienter les substituants du carbone α- chiral sans ambiguïté (Ferreiro M.J. *et al.*, 1996; Seco J.M. *et al.*, 1999). Dans le deuxième cas, un exemple est fournie par la comparaison des déplacements chimiques des protons des substituants du carbone α- chiral d'un des deux esters de MPA à température ambiante et à basse température (Latypov S.K. *et al.*, 1998).

Récemment, la Boc-phénylglycine (BPG) a été développée pour déterminer la configuration absolue du carbone α-chiral d'amines primaires. La conformation des amides BPG générés a été relativement bien caractérisée (Seco J.M. *et al.*, 1999) (Figure 36A) : *i)* la rotation (ω1) autour de la liaison (Cα – CO) génère les deux conformations *syn*-périplanaire (*sp*) et *anti*-périplanaire (*ap*) entre les liaisons (C=O) et (Cα – H), *ii)* la rotation (ω2) autour de la liaison (Cα - Ph) favorise la coplanarité du groupement phényle et de la liaison (Cα – H), *iii)* les liaisons (N – H), (C = O) du groupement Boc sont coplanaires et la rotation (ω3) autour des liaisons (Cα – H) et (N – H) favorisent leur position en *anti* tandis que la rotation (ω4) autour des liaisons (N – H) et (C = O) favorisent également leur position *anti*. La formation d'amides BPG génère donc deux conformations principales : *syn*-périplanaire (*sp*) et *anti*-périplanaire (*ap*) entre les liaisons (C=O) et (Cα – H) (Figure 36B). Cependant, les calculs théoriques et les données expérimentales de RMN concordent pour dire que la conformation *ap* (*anti*-périplanaire) est la plus stable.

Le fait que l'amide BPG prenne une conformation privilégiée, simplifie l'interprétation des données de RMN et est en faveur de l'utilisation de la BPG comme agent chiral. D'autre part, de grandes différences de déplacements chimiques (ΔδRS) sont observées pour les amides diastéréoisomères de la BPG, bien supérieures à celles qui sont obtenues avec le MPA ou le MTPA. Ce résultat s'explique par l'orientation privilégiée du groupement phényle de l'amide BPG vis-à-vis des substituants du carbone α- chiral exerçant ainsi un effet anisotrope très marqué sur ces substituants (figure 37). Bien que l'utilisation de la BPG ait été largement appliquée pour déterminer la stéréochimie d'amines primaires et plus récemment celles de β-amino-alcools (Pazos Y. *et al.*, 2004), l'application de cette méthode pour la détermination de la configuration absolue du carbone α-chiral d'amines secondaires n'a jamais été décrite. De plus, la détermination de la configuration absolue d'amines secondaires par un agent chiral n'a fait l'objet que de peu d'études, effectuées essentiellement par la dérivation d'amines secondaires cycliques par le MTPA (Hoye T.R., Renner M.K., 1996).

Ainsi, nous avons tenté de confirmer la configuration absolue du carbone chiral C-9 de la tazopsine via la dérivation de l'amine secondaire cyclique par la BPG. Cette dérivation a été suivie par l'analyse par RMN à haute résolution des amides formés.

(*R*)-BPG amide, conformère *ap*

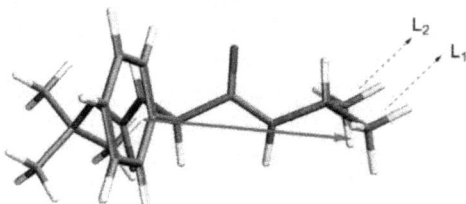

(*R*)-MPA amide, conformère *ap*

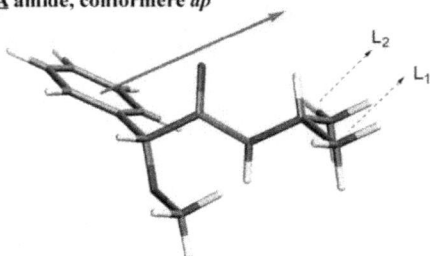

(*R*)-MTPA amide, conformère *ap*

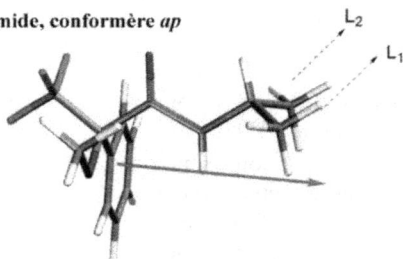

Figure 37 : Comparaison de l'orientation du groupement phényle pour les amides BPG, MPA et MTPA. L1 et L2 symbolisent les substituants du carbone α-chiral des amides. D'après (Seco J.M. *et al.*, 2004)

Lors d'études préliminaires, nous avons observé par RMN que l'acétylation de l'amine secondaire de la tazopsine par l'anhydride acétique, donne un amide en équilibre conformationnel entre deux rotamères A et B. Ces deux rotamères correspondent aux deux conformations possibles de la liaison amide. L'analyse du spectre de RMN du 1H (figure 38A) montre que ces deux rotamères sont présents dans des proportions équivalentes (53/47) et l'analyse du spectre NOESY à 298 K (figure 38B) montre une corrélation entre le proton H-9 du rotamère A à 5,85 ppm et le proton H-9 du rotamère B à 5,28 ppm. Cette corrélation est due à un transfert de saturation entre le proton H-9 dans la conformation A et le proton H- 9 dans la conformation B et confirme qu'il s'agit bien d'un équilibre entre deux rotamères. De plus, l'ensemble des signaux des protons du rotamère A sont distinguables de ceux du rotamère B avec des différences de déplacements chimiques Δδ (A-B) significatifs, allant de – 0,5 à + 0,57 ppm (tableau 9). Les protons de la *N*-acétyl-tazopsine dont le déplacement chimique est le plus modifié par rapport à la tazopsine, sont les protons H-9 et H-16a. En effet, dans la conformation A, le proton H-9 est déplacé vers les champs faibles (+0,57 ppm) sous l'influence de la fonction carbonyle avec laquelle il forme une liaison hydrogène (figure 38A). Pour ce rotamère, on observe une corrélation NOE entre les protons CH3 du groupement acétyle à 2,0 ppm et le proton H-16a à 3,62 ppm. A l'inverse, dans la conformation B, le proton H-16a est déplacé vers les champs faibles (+0,5 ppm) et une corrélation NOE est observée entre les protons CH3 du groupement acétyle à 2,23 ppm et le proton H-9 à 5,28 ppm (figure 38B).

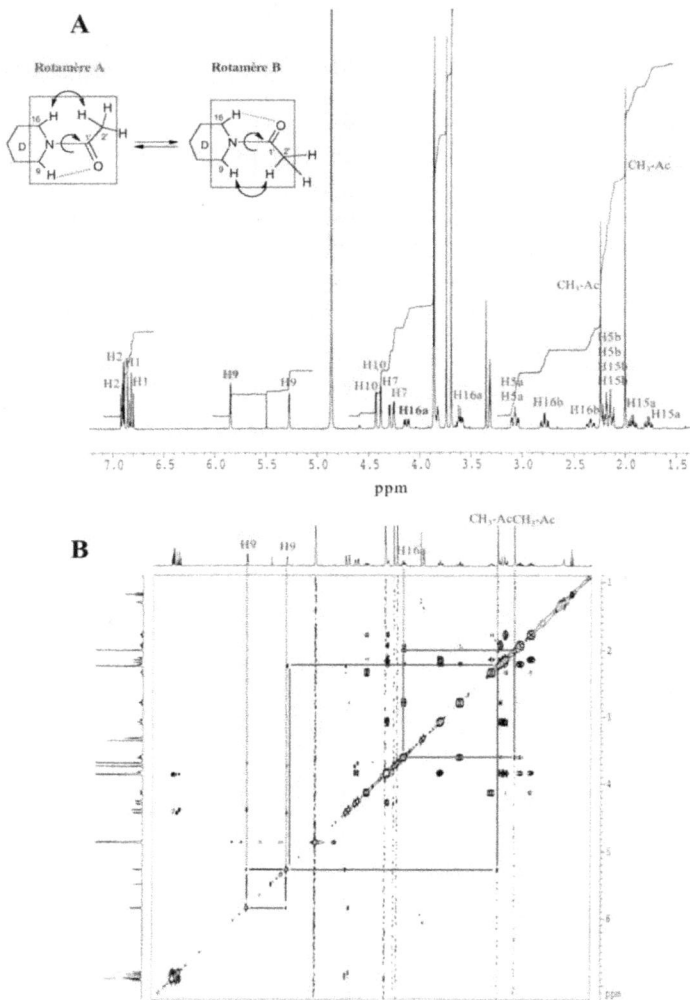

Figure 38 : Spectres de RMN 1H (A) et NOESY (B) de la *N*-acétyl-tazopsine
(δH 400 MHz, 298 K, CD3OD)

Ces résultats nous ont confortés dans l'idée que la Boc-phénylglycine (BPG) pouvait être utilisée pour déterminer la configuration absolue du carbone C-9 α-chiral de l'amine secondaire de la tazopsine.

La condensation de l'amine libre sur l'acide carboxylique de la BPG nécessite l'activation de la fonction carboxylique par des agents de couplage puissants, employés en synthèse peptidique. La combinaison PyBOP® et HOBt est l'une des plus employées (Nagai Y., Kusumi T., 1995; Yabuuchi T., Kusumi T., 2000). Le mécanisme réactionnel (figure 39) repose sur la formation d'un intermédiaire acyloxyphosphonium donnant des aminoesters de benzotriazolyle, qui en présence d'une amine sont rapidement aminolysés (Coste J. *et al.*, 1994).

La présence d'un excès de PyBOP® gênant la purification des amides, une protection préalable du 6,7-diol de la tazopsine en acétonide a été effectuée. La (*R*) et la (*S*)-BPG ont ensuite été condensées sur l'amine secondaire de la tazopsine-acétonide. Malheureusement, l'analyse par RMN à haute résolution a montré que quel que soit l'énantiomère (*R*) ou (*S*)-BPG introduit, la réaction conduit à l'obtention de la (*S*)-BPG amide.

Ceci a pu être vérifié d'une part, en partant de la configuration absolue de la tazopsine déterminée au préalable par DC : les données de RMN de la (*S*)-BPG amide ne sont interprétables que pour une amide de configuration (*S*) et d'autre part, l'amide formée à partir de la (*R*)-BPG a le même pouvoir rotatoire que celle qui est formée à partir de la (*S*)-BPG : $[\alpha]_D^{22}$ +54 (c 0,25 ; CH_2Cl_2). De plus, il a été montré expérimentalement que sur une dizaine d'amides formées à partir de la (*S*)-BPG, $[\alpha]_D 22$ +144, la majorité (9 amides sur 10) a un pouvoir rotatoire positif tandis que pour les amides formées à partir de la (*R*)-BPG, $[\alpha]_D 22$ − 144, la majorité (6 amides sur 10) a un pouvoir rotatoire négatif ou inférieur à celui de l'amine de départ (Seco J.M. *et al.*, 1999). L'épimérisation de la (*R*)-BPG en (*S*)-BPG est souvent rencontré en synthèse peptidique et bien qu'il soit admis que les agents comme le PyBOP® et le HOBt limitent fortement la racémisation lors de la condensation, les phénomènes d'épimérisation pendant le couplage des acides aminés sont fréquents (Humphrey J.M., Chamberlin A.R., 1997). En effet, la conversion de l'acide en un dérivé portant un bon groupe partant tel que l'oxyphosphonium, tend à augmenter l'acidité du proton α. L'addition de base, telle la *N*-méthylmorpholine, communément employée pour catalyser la réaction de couplage, contribue à la racémisation. De plus, bien que l'utilisation du DMF soit préconisé pour améliorer la solubilité des agents de couplage, il semble qu'il favorise également les phénomènes de racémisation (Beyermann M. *et al.*, 1991).

La formation unique de l'amide (*S*)-BPG-tazopsine au détriment de l'amide (*R*)-BPG-tazopsine limitent la généralisation de la méthode d'attribution de la configuration absolue d'amines secondaires. Cependant, dans le cas de la tazopsine amide, l'obtention de deux rotamères **A** et **B** telle que observée pour le dérivé *N*-acétyl-tazopsine, permet de déterminer sans ambiguïté la configuration absolue de l'amine secondaire.

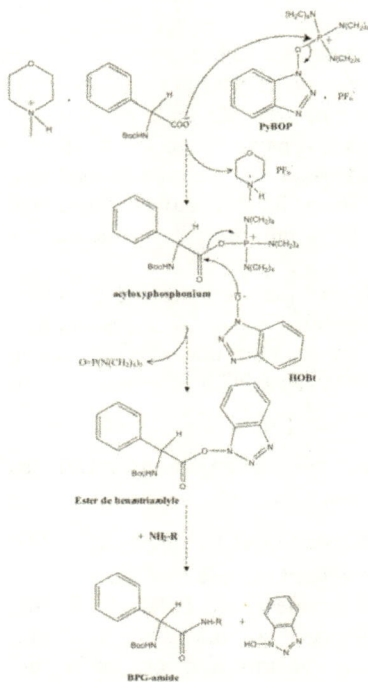

Figure 39 : Mécanisme d'activation de la BPG par la combinaison PyBOP® – HOBt

Carbone N°	δ H A (ppm)	δ H B (ppm)	Δδ H (A - B)
1	6,81	6,83	-0,02
2	6,88	6,92	-0,04
3-OCH₃	3,68	3,74	-0,06
5a	3,03	3,03	-
5b	2,21	2,21	-
6	3,81	3,81	-
7	4,26	4,31	-0,05
8-OCH₃	3,85	3,84	+0,01
9	5,85	5,28	**+0,57**
10	4,39	4,49	-0,1
15a	1,92	1,78	+0,14
15b	2,18	2,13	+0,05
16a	3,62	4,12	**-0,5**
16b	2,78	2,31	+0,47
CH₃-acétyle	2,00	2,23	-0,23

Tableau 9 : Données de RMN 1H des rotamères A et B de la *N*-acétyl-tazopsine (CD3OD, 400 MHz, 298 K)

En effet, le spectre de RMN 1H de la (*S*)-BPG amide (figure 40A) montre une proportion proche des rotamères **A** et **B** (A/B : 51/49). Ceci peut s'expliquer par un encombrement stérique similaire de part et d'autre de l'amine secondaire.

Sur le spectre NOESY (figure 40B), plusieurs taches de corrélations, correspondant au transfert de saturation entre les protons des rotamères **A** et **B** attestent l'équilibre conformationnel entre ces deux rotamères. Ainsi on observe des corrélations entre le proton H-1 du rotamère **A** à 6,89 ppm et le proton H-1 du rotamère **B** à 6,50 ppm, entre le proton H-9 du rotamère **A** à 5,99 ppm et le proton H-9 du rotamère **B** à 5,37 ppm et entre le proton H-10 du rotamère **A** à 4,58 ppm et le proton H-10 du rotamère **B** à 3,24 ppm. De plus, les mêmes protons dans la conformation **A** ou dans la conformation **B** sont facilement distinguables et leur différence de déplacements chimiques est élevée (Δ δH (A – B) de -0,97 à +1,34 ppm) (tableau 10). Ces modifications de déplacements chimiques sont dues d'une part, à la fonction carbonyle de la BPG qui établit des liaisons hydrogènes avec les protons proches et d'autre part, à l'effet anisotropique du groupement phényle de la BPG blindant des protons situés dans son cône d'influence.

L'attribution des protons du rotamère **A** et du rotamère **B** grâce à l'analyse des spectres COSY et HMBC, a été suivie par la comparaison de leurs déplacements chimiques (Δ δH (A – B)) (tableau 10). Ainsi nous avons pu constater que dans la conformation **A**, le proton H-9 à 5,99 ppm forme une liaison hydrogène avec le carbonyle de la (*S*)-BPG, d'où un fort déblindage de ce proton (Δ δH-9 (A – B) = +0,62 ppm). De plus, dans cette conformation, une corrélation NOE intense est observée entre le proton H-16a à 3,36 ppm et le proton H-2' à 5,31 ppm porté par le carbone en α du carbonyle de la (*S*)-BPG (figure 41). Dans la conformation **B**, le carbonyle de la (*S*)-BPG forme une liaison hydrogène avec le proton H16a, qui est fortement déblindé à 4,33 ppm (Δ δH-16a (A – B) = -0,97 ppm). Dans cette conformation **B**, on observe une corrélation NOE intense entre le proton H-9 à 5,37 ppm et le proton H-2' de la (*S*)-BPG à 5,70 ppm (figure 41). Dans les deux conformations, la liaison amide et les protons H-16a, H-9 et H-2' sont quasicoplanaires. Le carbonyle et le proton H-2' de la (*S*)-BPG sont en position *anti* (Seco J.M. *et al.*, 1999).

L'analyse des spectres de RMN montre que pour le rotamère **A**, l'effet anisotropique du groupement phényle de la (*S*)-BPG s'exerce sur les protons H-6, H-7, CH3O-8, H-15a, H-15b et CH3-acétal, modifiant leurs déplacements chimiques vers les champs forts par rapport au rotamère **B** (tableau 10). Le calcul de Δ δH (A – B) pour ces protons indiquent une différence de déplacement chimique allant de –0,05 à –0,53 ppm. Ces protons appartiennent aux cycles (*C*) et (*D*) de la tazopsine-acétonide, impliquant dans la conformation **A**, l'orientation du groupement phényle de la (*S*)-BPG vers ces cycles (figure 42). Pour le rotamère **B**, l'effet anisotropique du groupement phényle s'exerce sur les protons H-1, H-2, H-10, déplacés vers les champs forts (tableau 10). Le calcul de Δ δH (B – A) de ses protons, allant de –0,14 à –1,34 ppm, indiquent des différences de déplacements chimiques encore plus élevées que dans la conformation précédente **A** et oriente cette fois le phényle de la (*S*)-BPG vers les cycles (*A*) et (*B*) de la tazopsine-acétonide (figure 42).

Le modèle moléculaire montre que l'effet anisotropique du groupement phényle dans la conformation **A** sur les cycles (*C*) et (*D*) et dans la conformation **B**, sur les cycles (*A*) et (*B*) n'est possible que pour la configuration absolue (*R*) du carbone C-9 de la tazopsine-acétonide.

Ainsi, la configuration absolue (6*S*, 7*S*, 9*R*, 10*R*, 13*S*) de la tazopsine, préalablement établie par dichroïsme circulaire est confirmée.

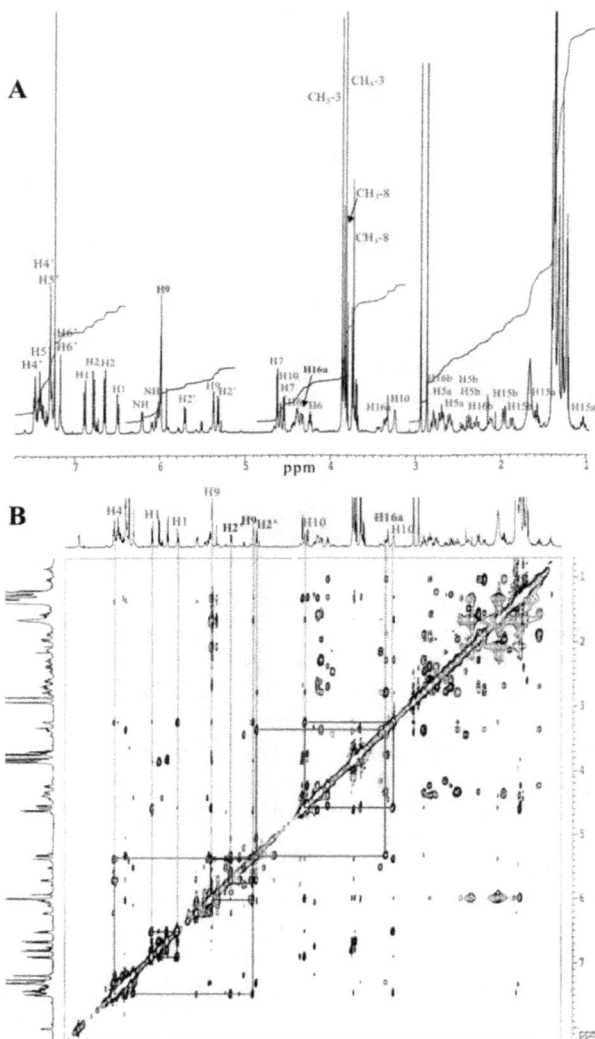

Figure 40 : Spectres de RMN 1H (A) et NOESY (B) de la (*S*)-BPG tazopsine acétonide amide
(δH 500 MHz, 296 K, CDCl3)

Rotamère A   Rotamère B

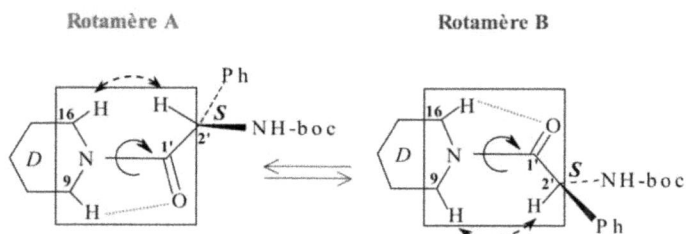

Figure 41 : Rotamères A et B de la (*S*)-BPG tazopsine acétonide amide et corrélations NOE (1H ↔ 1H)

Carbone N°	Tazopsine acétal δH, multiplicité, *J* (Hz)	(S)-BPG amide δH A	δH B	Δ δH (A – B)
1	6,96, d, *8,4*	6,89, d, *8,3*	6,50, d, *8,3*	+0,39
2	6,92, d, *8,4*	6,79, d, *8,3*	6,65, d, *8,3*	+0,14
3-OCH₃	3,88, s	3,84, s	3,86, s	-0,02
5a	3,16, dd, *4,8 ; 14,1*	2,70, dd, *4,8 ; 14,4*	2,60, dd, *4,9 ; 14,4*	+0,1
5b	2,26, dd, *10,7 ; 14,1*	2,37, dd, *9,8 ; 14,4*	2,44, dd, *9,9 ; 14,4*	-0,07
6	4,46, m, *4,8; 5,7 ; 10,7*	4,23, m, *4,8; 5,6; 9,8*	4,39, m, *4,9 ; 5,7; 9,9*	-0,16
7	4,73, d, *5,7*	4,54, d, *5,6*	4,62, d, *5,7*	-0,08
8-OCH₃	3,79, s	3,73, s	3,82, s	-0,09
9	4,74, d, *1,9*	5,99, d, *2,2*	5,37, d, *2,2*	+0,62
10	4,76, d, *1,9*	4,58, d, *2,2*	3,24, d, *2,2*	+1,34
15a	1,82, dd, *4,8; 13,2; 13,2*	1,04, ddd, *5,4; 12,0; 12,6*	1,57, ddd, *5,2; 11,9; 12,8*	-0,53
15b	2,17, dd, *3,9 ; 13,2*	1,87, dd, *4,1; 12,0*	1,96, dd, *4,0; 11,9*	-0,09
16a	2,93, dd, *4,8 ; 13,2*	3,36, dd, *5,4 ; 13,4*	4,33, dd, *5,2; 13,1*	-0,97
16b	2,57, ddd, *3,9; 13,2; 13,2*	2,78, ddd, *4,1; 12,6; 13,4*	2,28, ddd, *4,0; 12,8; 13,1*	+0,5
acétal - CH₃	1,38, s	1,27, s	1,32, s	-0,05
	1,34, s	1,22, s	1,27, s	-0,05
(S)-BPG				
CH- 2'	-	5,31, d, *7,9*	5,70, d, *7,3*	-
Ph- 4'	-	7,28, m	7,47, dd, *3,0; 7,5*	-
Ph- 5'	-	7,28, m	7,41, dd, *6,9; 7,5*	-
Ph- 6'	-	7,17, m	7,28, m, *3,0; 6,9*	-
NH- 7'	-	6,02, d, *7,9*	6,22, d, *7,3*	-
Boc	-	1,38, 3s	1,38, 3s	-

Tableau 10 : Données de RMN 1H de la tazopsine acétonide (CD3OD, 400 MHz, 298 K) et de la (*S*)-BPG tazopsine acétonide amide (CDCl3, 500 MHz, 296 K)

65

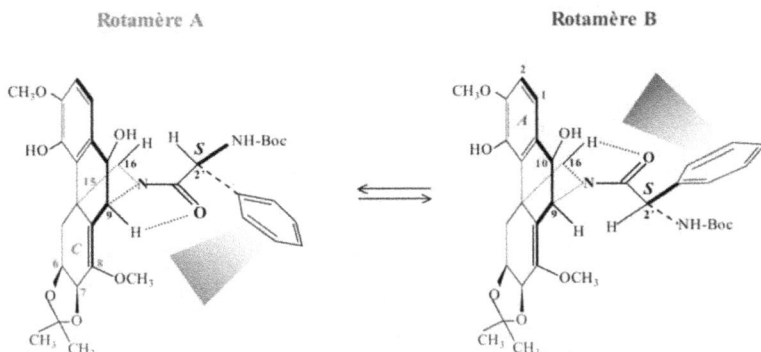

Rotamère A   Rotamère B

Figure 42 : Effet anisotropique du groupement phényle de la (S)-BPG dans la conformation A (à gauche) et dans la conformation B (à droite)

d. Structure de EM 2 : sel de tazopsinium

Le composé **EM 2** isolé sous forme d'une poudre jaune amorphe, est optiquement actif $[\alpha]_D$ 22 –21 (c 0,5 ; MeOH). Son spectre de masse à haute résolution sous ionisation chimique en mode positif montre l'ion moléculaire $[M]^+$ à m/z 350,1608 (calc. 350,1604 pour $C_{18}H_{24}NO_6$), en accord avec les données RMN (1H et 13C) et impliquant 8 degrés d'insaturation.

Le spectre de RMN du 13C de **EM 2** est identique à celui de la tazopsine à l'exception du déplacements vers les champs forts du carbone C-14 (- 9 ppm). Le spectre de RMN du 1H de **EM 2** (figure 43) est identique à celui de la tazopsine hormis, le déblindage de l'ensemble des protons (de + 0,02 ppm à + 0,51 ppm). Les protons H-9 (+ 0,51 ppm), H-10 (+ 0, 31 ppm), H-15a (+ 0,23 ppm) et H-16a (+ 0,41 ppm) sont significativement déplacés vers les champs faibles. La faible constante de couplage observée entre les protons H-9 et H-10 (J = 3,8 Hz), et la présence des mêmes corrélations NOE que la tazopsine, y compris celle qui est observée entre les protons H-10 et H-16b, implique la même configuration relative que cette dernière. L'ensemble de ces données suggèrent que les structures de **EM 2** et de la tazopsine sont similaires et différent par une protonation de l'amine secondaire, formant le sel d'ammonium quaternaire de **EM 1**. Ceci a été confirmé par l'alcalinisation de **EM 2** dans une solution d'ammoniaque donnant **EM 1** et inversement, l'acidification de **EM 1** dans une solution d'acide acétique donnant **EM 2**, comme l'indique l'analyse par RMN.

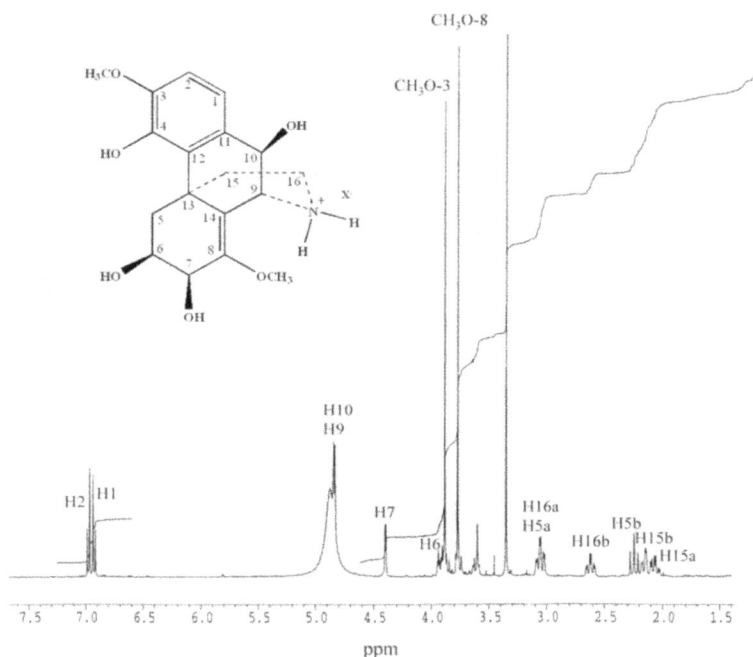

Figure 43 : Spectres de RMN 1H du sel de tazopsinium EM 2 (δH 400 MHz, 298 K, CD3OD)

e. Structure de EM 3 : sinococuline

Le composé **EM 3** a été isolé sous forme d'une poudre jaune clair non cristallisée et il est optiquement actif $[\alpha]_D$ 22 –143 (c 0,25 ; MeOH). Son spectre de masse à haute résolution sous ionisation chimique en mode positif montre l'ion moléculaire protoné [M+H]+ à m/z 334,1652 (calc. 334,1654 pour $C_{18}H_{24}NO_5$), correspondant à la formule brute C18H23NO5 en accord avec les données RMN (1H et 13C) et impliquant 8 degrés d'insaturation. Son spectre d'absorption UV dans le méthanol, indique 3 maxima à λmax 207, 242 et 282.

Son spectre de RMN du 13C, J-modulé (figure 44B) se distingue de celui de la tazopsine par la présence d'un CH2 supplémentaire à 33,5 ppm et l'absence du CH à 73,3 ppm dans la région des carbones sp3, indique la perte d'un hydroxyle par rapport à la structure de la tazopsine. Son spectre de RMN du 1H (figure 44A) se distingue de celui de la tazopsine par l'absence d'un proton oxyméthine vers 4 ppm, le blindage du proton aromatique H-1 à 6,62 ppm, le déblindage du proton méthine H-9 à 4,96 ppm et la présence de deux protons aliphatiques supplémentaires à 3,10 et 3,31 ppm. L'analyse du spectre HSQC révèle que ces deux protons aliphatiques supplémentaires correspondent à des protons géminaux non équivalents portés par le carbone C-10 à 33,5 ppm. Ceci est confirmé par l'analyse du spectre COSY indiquant

67

que ces deux protons et le proton H-9 font partie du même système de spin. La structure de **EM 3** est ainsi attribuée au 4,6,7- trihydroxy- 8,14-didéhydro-3,8-diméthoxymorphinane.

Le spectre NOESY de **EM 3** est identique à celui de la tazopsine, impliquant la même configuration relative (6S*, 7S*, 9R*, 13S*) et le proton H-10a établissant une corrélation NOE avec le proton H-16b, indique une conformation chaise pour l'hétérocycle (*D*). De plus, le pouvoir rotatoire de **EM 3** (-143) correspond à celui de la sinococuline ([α]_D 22 -135,9 ; MeOH). Celle-ci a été précédemment isolée de la Menispermaceae japonaise, *Cocculus trilobus* (Itokawa H. *et al.*, 1987) et semi-synthétisée à partir de la sinoménine, un morphinane isolé de *Sinomenium acutum* (Hitotsuyanagi Y. *et al.*, 1995).

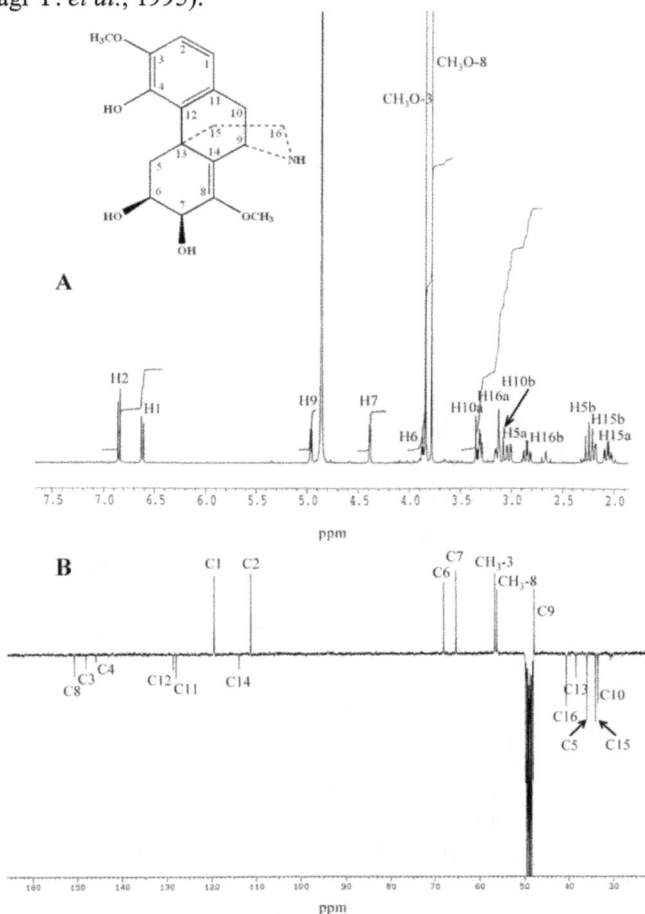

Figure 44 : Spectres de RMN 1H (A) et 13C (B) de la sinococuline EM 3

68

(δH 400 MHz, δC 75 MHz, 298 K, CD3OD)

Carbone N°		EM 3 (sinococuline)		EM 1 (tazopsine)		EM 2 (sel de tazopsinium)	
		δC	δH (multiplicité, J (Hz))	δC	δH	δC	δH
1		119,5	6,62 (d, 8.3)	121,9	6,86 (d, 8,4)	122,1	6,92 (d, 8,4)
2		111,3	6,85 (d, 8.3)	110,7	6,90 (d, 8,4)	111,4	6,97 (d, 8,4)
3		148,1	-	149,2	-	149,7	-
4		145,8	-	145,1	-	145,2	-
5	5a 5b	36,0	3,03 (dd, 3,9; 13,9) 2,24 (dd, 13,5; 13,9)	36,5	2,95 (dd, 3,3; 13,4) 2,19 (dd, 13,4; 13,4)	35,7	3,05 (dd, 3,5; 13,5) 2,24 (dd, 13,5; 13,5)
6		68,1	3,87 (m, 3,1; 3,9; 13,5)	68,6	3,86 (m, 2,7; 3,3; 13,4)	67,9	3,92 (ddd, 3,2; 3,5; 13,5)
7		65,4	4,39 (d, 3,1)	66,9	4,28 (d, 2,7)	65,7	4,40 (d, 3,2)
8		150,7	-	148,5	-	152,8	-
9		48,0	4,96 (d, 5,4)	53,1	4,33 (d, 2,2)	52,7	4,84 (d, 3,8)
10	10a 10b	33,5	3,31 (dd, 5,4; 18,4) 3,10 (d, 18,4)	73,3	4,53 (d, 2,2)	69,3	4,84 (d, 3,8)
11		127,9	-	132,9	-	130,4	-
12		128,6	-	129,8	-	128,1	-
13		38,5	-	40,1	-	38,6	-
14		113,9	-	121,1	-	111,9	-
15	15a 15b	34,1	2,06 (ddd, 4,6; 13,1; 13,2) 2,19 (dd, 4,1; 13,2)	37,5	1,84 (ddd, 4,7; 12,5; 12,5) 1,99 (dd, 3,6; 12,5)	33,4	2,07 (ddd, 4,5; 13,1; 13,4) 2,16 (dd, 3,0; 13,4)
16	16a 16b	40,7	3,14 (dd, 4,6; 13,1) 2,84 (ddd, 4,1; 13,1; 13,1)	40,9	2,64 (dd, 4,7; 13,1) 2,42 (ddd, 3,6; 12,5; 13,1)	40,5	3,05 (dd, 4,5; 13,1) 2,62 (ddd, 3,0; 13,1; 13,1)
3-OCH3		56,7	3,84 (s)	56,6	3,86 (s)	56,5	3,88 (s)
8-OCH3		56,2	3,78 (s)	57,1	3,69 (s)	56,6	3,77 (s)

Tableau 11 : Données de RMN 1H et 13C des morphinanes sinococuline EM 3, tazopsine EM 1 et sel de tazopsinium EM 2 (CD3OD)

f. Structure de EM 4 : 2,10-diméthoxy-3,11-dihydroxy-5,6-dihydroprotoberbérine

Le composé **EM 4** a été isolé sous forme d'un solide jaune amorphe. Son spectre de masse sous ionisation ES en mode positif, montre le pic moléculaire [M]$^+$ à m/z 324,127 (calc. 324,1236 pour $C_{19}H_{18}NO_4$) impliquant 12 degrés d'insaturation. Son spectre de RMN du 13C, J-modulé (figure 45B), montre dans la région des carbones sp3, deux CH2 à 28,0 et 55,6 ppm, ainsi que deux CH3 à 56,6 et à 56,9 ppm caractéristiques de deux méthoxyles. Dans la région des carbones sp2, on observe cinq CH entre 106,6 et 144,2 ppm et neuf carbones quaternaires entre 119,5 et 165,2 ppm.

Le spectre de RMN du 1H de **EM 4** (figure 45A) présente dans la région des protons aromatiques, six protons singulets entre 6,83 et 8,95 ppm et dans la région des protons aliphatiques, deux méthoxyles vers 4 ppm et deux triplets à 3,14 et 4,63 ppm intégrant chacun pour deux protons.

L'analyse du spectre 1H-1H COSY permet de répartir ces protons dans quatre systèmes de spins: un système formé par les protons H-5 à 3,14 ppm et les protons H-6 à 4,63 ppm (J = 6,3 Hz), dont le déplacement chimique est expliqué par la liaison du carbone qui les porte avec un atome d'azote, un système formé par le proton H-1 et les protons du CH$_3$O-2 ; deux autres systèmes sont déterminés par les corrélations longue distance entre le proton H-8 à 8,95 ppm et le proton H-12 à 7,16 ppm d'une part et entre le proton H-13 à 8,24 ppm et le proton H-9 à 7,41 ppm d'autre part.

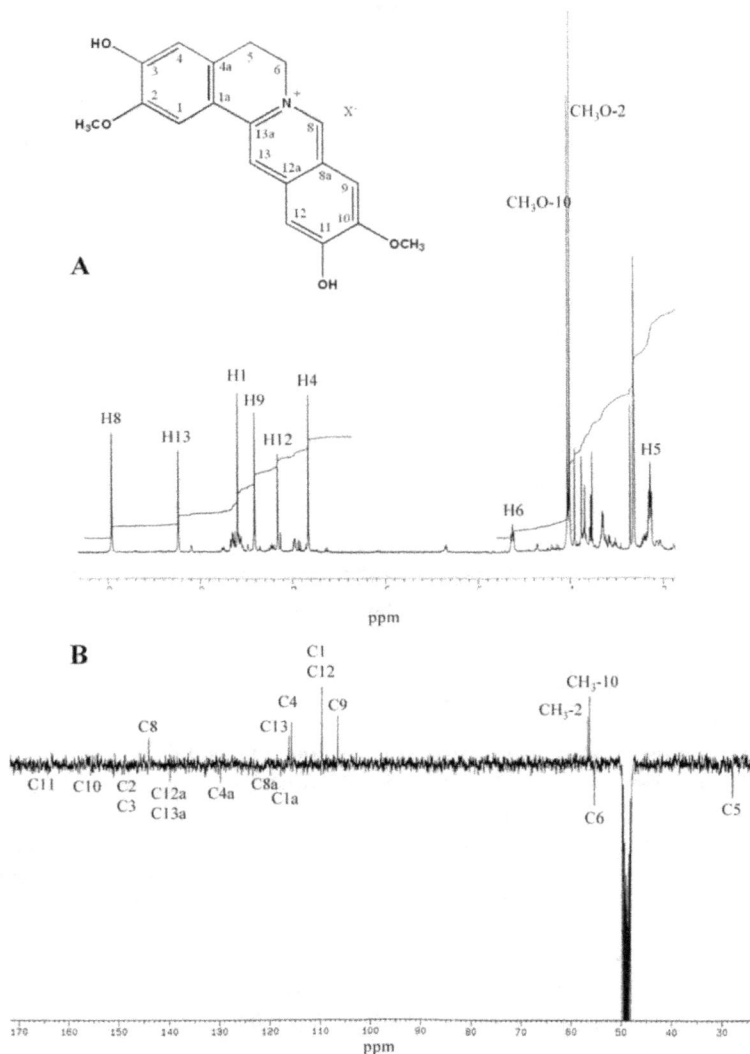

Figure 45 : Spectres de RMN 1H (A) et 13C (B) de la 2,10-diméthoxy-3,11-dihydroxy-5,6-dihydroprotoberbérine EM 4 (δH 400 MHz, δC 75 MHz, 298 K, CD3OD)

L'analyse du spectre HMBC permet de relier ces fragments de structure entre eux (figure 46B). Deux groupes hydroxyles, en accord avec la formule brute, sont ensuite placés sur les carbones C-3 et C-11. La structure attribuée correspond à la 2,10-diméthoxy-3,11- dihydroxy-5,6-dihydroprotoberbérine.
Cet alcaloïde de type dibenzoquinolizinium a récemment été isolé à partir de l'Annonaceae asiatique *Miliusa cuneata* (Chen B. *et al.*, 2003).

A

EM 4	δ_C (ppm)	δ_H (ppm), m, J (Hz)
1	109,8	7,60, s
1a	119,5	-
2	149,7	-
2-OCH$_3$	56,9	4,01, s
3	151,3	-
4	115,8	6,83, s
4a	130,1	-
5	28,1	3,14, t, 6,3
6	55,6	4,63, t, 6,3
8	144,2	8,95, s
8a	121,2	-
9	106,6	7,41, s
10	156,1	-
10-OCH$_3$	56,6	4,03, s
11	165,2	-
12	109,8	7,16, s
12a	140,3	-
13	116,3	8,24, s
13a	140,4	-

B

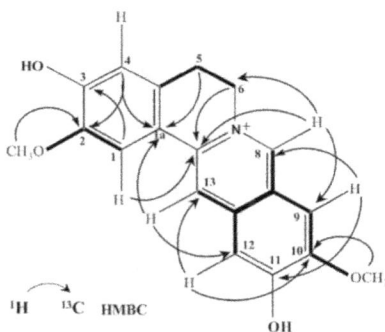

Figure 46 : A, Données de RMN 1H et 13C de la 2,10-diméthoxy-3,11-dihydroxy-5,6-dihydroprotoberbérine EM 4. B, Sélection de corrélations HMBC et NOESY de EM 4

	Activité antipaludique IC$_{50}$ Py (µM)	Cytotoxicité TC$_{50}$ Hépatocytes (µM)	Sélectivité TC$_{50}$ Hépatocytes / IC$_{50}$ Py
Primaquine (référence)	0,62 ±0,03	75,3 ±6,2	121,5
Extrait Méthanolique (µg/ml)	12,5 ±3,5	46,8 ±0,7	3,7
Tazopsine EM 1	3,1 ±0,2	71,2 ±3,2	23,0
Sel de tazopsinium EM 2	6,9 ±0,9	98,6 ±7,1	14,3
Sinococuline EM 3	4,5 ±0,4	62,2 ±5,3	13,8
Protoberbérine EM 4	> 40	> 40	-

Tableau 12 : Activités des alcaloïdes EM 1 – EM 4 isolés de l'extrait méthanolique des écorces, sur le développement hépatique de *Plasmodium yoelii* (*Py*) dans des cultures primaires d'hépatocytes de souris

| | Activité antipaludique IC$_{50}$ Pf 3D7 (µM) | Cytotoxicité | | Sélectivité |
		TC$_{50}$ KB (µM)	TC$_{50}$ HT-29 (µM)	TC$_{50}$ KB / IC$_{50}$ Pf
Chloroquine (référence)	*0,016 ±0,002*	-	-	-
Vinblastine (référence)	-	*0,023 ±0,007*	*0,009 ±0,001*	-
Extrait Méthanolique (µg/ml)	3,3 ±1,4	6,5 ±0,2	46,4 ±2,3	2,0
Tazopsine EM 1	4,7 ±0,9	5,7 ±0,7	63,0 ±10,5	1,2
Sel de tazopsinium EM 2	5,8 ±0,6	7,2 ±2,2	80,8 ±4,6	1,2
Sinococuline EM 3	3,4 ±0,1	3,9 ±1,8	36,8 ±7,4	1,1
Protoberbérine EM 4	> 30	56,3 ±6,5	> 240	-

Tableau 13 : Activités des alcaloïdes EM 1 – EM 4, isolés de l'extrait méthanolique des écorces, sur le stade érythrocytaire de *Plasmodium falciparum* (*Pf*) *in vitro*

g. Activité des alcaloïdes EM 1 – EM 4 sur le stade hépatique de *Plasmodium yoelii in vitro*

Le fractionnement bio-guidé de l'extrait méthanolique des écorces de tiges de *S. thouarsii* a permis d'isoler deux alcaloïdes de type morphinane, actifs sur le développement hépatique de *Plasmodium yoelii in vitro*. Il s'agit de la sinococuline **EM 3** et de la tazopsine, extraite sous forme de base **EM 1** et sous forme de sel **EM 2**. La tazopsine **EM 1** est trois fois plus abondante (0,36%) que la sinococuline **EM 3** (0,12 %) dans cet extrait. Un autre type d'alcaloïde, la 2,10-diméthoxy-3,11-dihydroxy-5,6-dihydroprotoberbérine **EM 4**, a également été isolé mais ne présente aucune activité à ce stade. L'évaluation des trois morphinanes sur le stade hépatique de *P. yoelii* (tableau 12) montre des activités proches (CI$_{50}$ 3,1 à 6,9 µM).
L'évaluation de leur effet sur la viabilité des hépatocytes de souris cultivés en leur présence, révèle leur faible toxicité sur ces cellules (TC$_{50}$ proches de celle de la primaquine de référence). La tazopsine **EM 1** est la plus sélective (*IS* 23).

h. Activité des alcaloïdes EM 1 – EM 4 sur le cycle érythrocytaire de *Plasmodium falciparum in vitro*

L'évaluation des morphinanes **EM 1 – EM 3** (tableau 13) sur les cultures de *P. falciparum* (souche chloroquino-sensible 3D7) au stade érythrocytaire, montre des activités proches (CI$_{50}$ 3,4 à 5,8 µM) et du même ordre de grandeur que celles qui sont trouvées sur le stade hépatique de *P. yoelii in vitro*. L'évaluation de la cytotoxicité de ces morphinanes sur les cellules tumorales KB montrent des TC$_{50}$ allant de 3,9 à 7,2 µM et sur les cellules tumorales HT-29 de 36,8 à 80,8 µM. La protoberbérine **EM 4** n'inhibe ni le développement de *P. falciparum* ni la multiplication des cellules KB et HT-29.
Devant l'intérêt de l'activité de la tazopsine sur le stade hépatique de *P. yoelii in vitro*, une évaluation *in vivo* du composé sur le développement de *P. yoelii* chez la

souris nous a paru nécessaire. Cependant, la quantité de produit requise pour une telle évaluation dépassait celle disponible à partir de la précédente extraction. Nous avons alors entrepris l'optimisation du rendement d'extraction de la tazopsine **EM 1**, par le fractionnement de décoctés préparés selon le protocole traditionnel malgache.

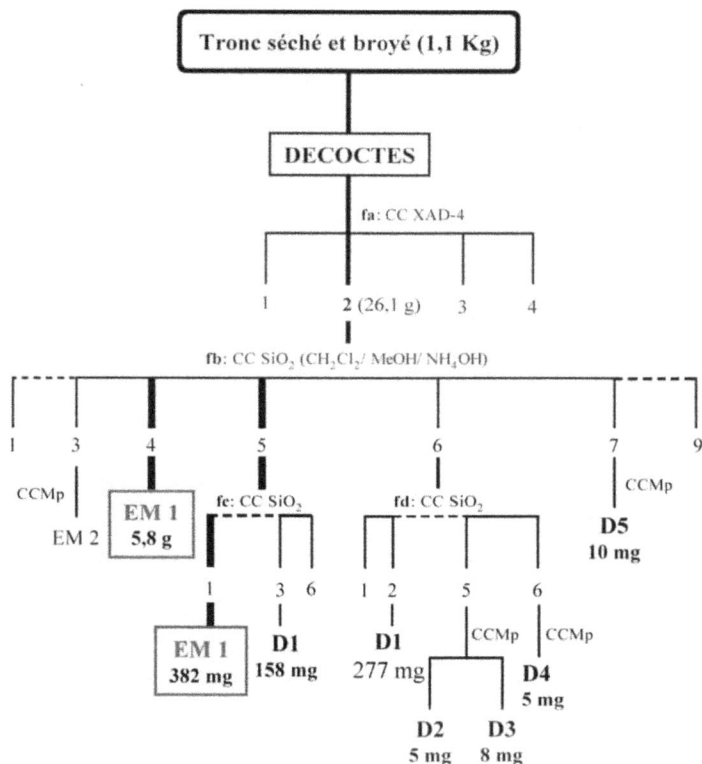

Figure 47 : Fractionnement des décoctés d'écorces de tiges de S. thouarsii

3. Décoctés des écorces de tiges de *S. thouarsii* et optimisation de l'extraction de la tazopsine

a. Fractionnement du décocté

Les extraits aqueux obtenus par la décoction des écorces de tiges de *S. thouarsii* ont été fractionnés sur une résine d'absorption d'amberlite (**fa**) (figure 47). La fraction éluée dans des conditions méthanol-eau (1-1) contient de la tazopsine quasiment pure (**fa**-2). La purification de cette fraction par une chromatographie sur silice (**fb**), a conduit à l'obtention de 5,8 g de tazopsine **EM 1**, avec un rendement d'extraction à partir des écorces brutes, 35 fois supérieur à celui obtenu par le fractionnement bio-guidé de l'extrait méthanolique. Les fractions **fb-5, fb-6 et fb-7** ont également été purifiées, ce qui a conduit à l'isolement des composés **D 1** à **D 5**.

b. Structure de D 1 : épi-tazopsine

Le composé **D 1**, isolé sous forme d'une poudre jaune non cristallisée est optiquement actif $[\alpha]_D$ 22 -92 (c 0,5 ; CH3OH). Son spectre de masse sous ionisation ES en mode positif montre l'ion moléculaire protoné $[M+H]^+$ à *m/z* 350,160 (calc. 350,1604 pour $C_{18}H_{24}NO_6$), correspondant à la formule brute $C_{18}H_{23}NO_6$ en accord avec les données RMN (1H et 13C) et impliquant 8 degrés d'insaturation.

Le spectre du 13C, *J*-modulé (figure 48B) de **D 1**, est semblable à celui de la tazopsine avec des modifications de déplacements chimiques mineures. Son spectre de RMN du 1H (figure 48A) diffère de celui de la tazopsine par le déplacement vers les champs faibles du proton H-1 (+0,15 ppm), du proton H-10 (+0,2 ppm), du proton H-15a (+0,11 ppm) et du proton H-16b (+0,24 ppm). La constante de couplage entre les protons H-9 et H-10 (*J* = 5,6 Hz) est significativement plus élevée que pour la tazopsine (*J* = 2,2 Hz). L'analyse du spectre NOESY montrent les mêmes corrélations que la tazopsine à l'exception des corrélations entre les protons H-10 et H-16b, absentes pour le composé **D 1**.

L'ensemble de ces données implique que le composé **D 1** a une configuration absolue inverse de celle de la tazopsine au niveau du carbone C-10 pour lequel on en déduit une configuration absolue (*R*). N'ayant pas été décrit auparavant, nous le nommons 10-épi-tazopsine.

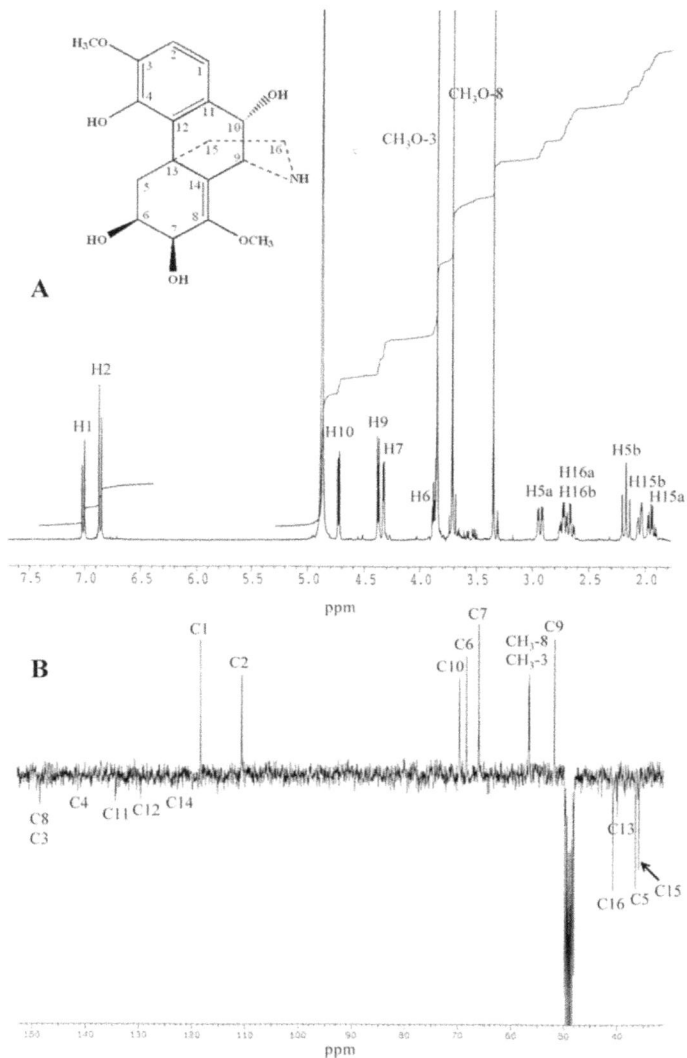

Figure 48 : Spectres de RMN 1H (A) et 13C (B) de l'épi-tazopsine D 1
(δH 400 MHz, δC 75 MHz, 298 K, CD3OD)

c. Structure de D 2 : sel d'épi-tazopsinium

Le composé **D 2** isolé sous forme d'une poudre jaune amorphe, est optiquement actif $[\alpha]_D$ 22 –50,6 (c 0,5 ; MeOH). Son spectre de masse à haute résolution sous ionisation chimique en mode positif montre l'ion moléculaire $[M]^+$ à m/z 350,160 (calc. 350,1604 pour $C_{18}H_{24}NO_6$), en accord avec les données RMN (1H et 13C) et impliquant 8 degrés d'insaturation. Le spectre de RMN du 13C de **D 2** (figure 49B) est identique à celui de **D 1** à l'exception du déplacement vers les champs forts du carbone C-14 (- 6,6 ppm). Le spectre de RMN 1H de **D 2** (figure 49A) est également semblable à celui de l'épi-tazopsine, avec quelques variations de déplacements chimiques vers les champs faibles, pour les protons H-9 (+ 0,38 ppm), H-10 (+ 0, 19 ppm), H-15a (+ 0,12 ppm), H-15b (+ 0,11 ppm), H-16a (+ 0,34 ppm) et H-16b (+ 0,14 ppm). La constante de couplage entre les protons H-9 et H-10 ($J = 6,1$ Hz), plus élevée que celle de la tazopsine, ainsi que l'absence de corrélation NOE entre les protons H-10 et H-16b, implique la même configuration absolue que la 10-épi-tazopsine et suggère que **D 2** est le sel.

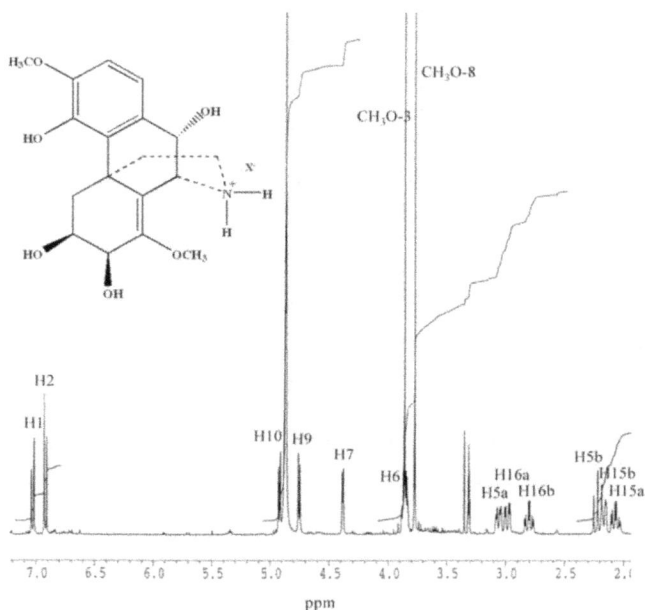

Figure 49 : Spectres de RMN 1H du sel d'épi-tazopsinium D 2 (δH 400 MHz, 298 K, CD3OD)

d. Structure de D 5 : épi-tazopsine-β-glucoside

Le composé **D 5** a été isolé sous forme d'une poudre jaune non cristallisée et est optiquement actif $[\alpha]_D$ 22 -7 (c 0,1 ; MeOH). Son spectre de masse sous ionisation ES en mode positif montre l'ion moléculaire protoné $[M+H]^+$ à m/z 512,219 (calc. 512,2132 pour $C_{24}H_{34}NO_{11}$), correspondant à la formule brute $C_{24}H_{33}NO_{11}$ en accord avec les données RMN (1H et 13C) et impliquant 9 degrés d'insaturation.

Son spectre du 13C, J-modulé (figure 50B), diffère de celui de l'épi-tazopsine, par le déplacement vers les champs forts du carbone C-9 (- 3,5 ppm), de celui vers les champs faibles du carbone C-10 (+ 7,2 ppm) et par la présence dans la région des carbones sp3 de quatre CH entre 71,6 et 78,3 ppm et d'un CH$_2$ à 62,8 ppm et dans la région des carbones sp2, d'un CH supplémentaire à 102,8 ppm, suggérant la présence d'un glucose. Le spectre de RMN du 1H de **D 5** (figure 50A) diffère de celui de l'épi-tazopsine par le déplacement vers les champs faibles des protons H-1 (+ 0,18 ppm), H-9 (+0,3 ppm) et H-10 (+0,22 ppm) et par la présence dans la région des protons aliphatiques, d'un oxyméthine H-1' dont le déplacement chimique à 4,61 ppm et la constante de couplage ($J = 7,8$ Hz) sont caractéristiques du proton anomérique d'un sucre en position axiale (Agrawal P.K., 1992). On observe également deux massifs de pics intégrant chacun pour trois protons: un premier entre 3,31 et 3,38 ppm (H-2', H-4' et H-5') et un deuxième massif entre 3,46 et 3,92 ppm (H-3', H- 6'a et H-6'b).

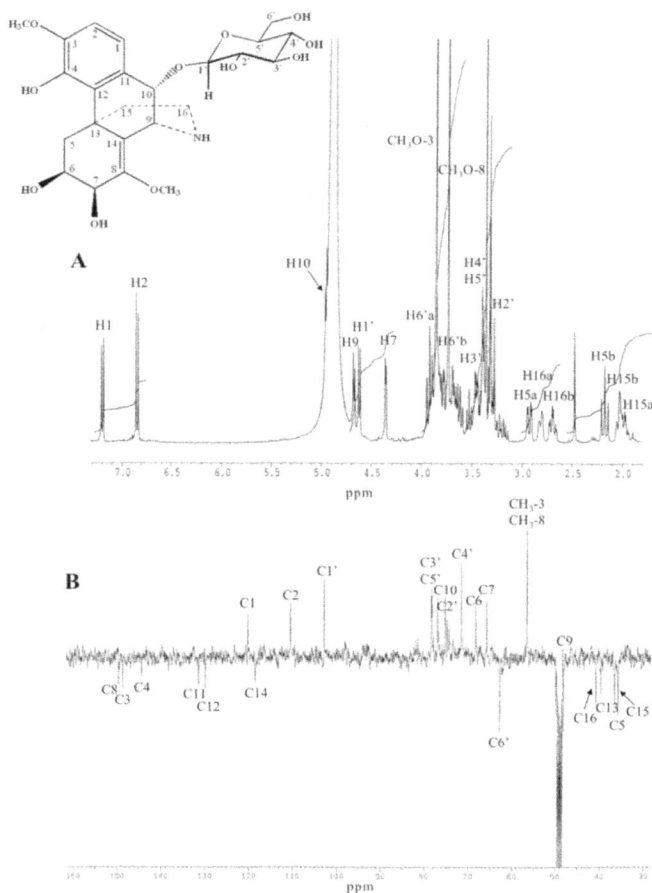

Figure 50 : Spectres de RMN 1H (A) et 13C (B) de l'épi-tazopsine-β-glucoside D 5
(δH 400 MHz, δC 75 MHz, 298 K, CD3OD)

77

L'analyse du spectre 1H–1H COSY (figure 51A) indique que ces protons peuvent être regroupés dans un même système de spin, caractéristique d'un pyranose. Sur le spectre HMBC (figure 51B), la corrélation observée entre le proton anomérique H-1' et le carbone C-10 et les déplacements chimiques des carbones C-1' (102,8 ppm) et C-10 (76,9 ppm) indique que le pyranose est rattaché au carbone C-10 de la 10-épi-tazopsine par une liaison éther de conformation *beta* (figure 52B).

L'analyse du spectre NOESY (figure 52A) montre les corrélations du proton H-1' avec les protons H-9 et H-10, confirmant ainsi la position du pyranose. L'observation des corrélations NOE entre le proton H-1' et les protons H-3' et H-5', associée aux valeurs de déplacements chimiques de ces protons et des constantes de couplage (tableau 14) confirme l'hypothèse d'un glucose. De plus, l'absence de corrélation NOE entre les protons H-10 et H-16b et la constante de couplage entre les protons H-9 et H-10 ($J = 5,7$ Hz) confirment que l'aglycone correspond à la 10-épi-tazopsine.

L'hydrolyse acide par l'acide chlorhydrique du composé **D 5** et l'analyse sur CCM du mélange réactionnel, montre deux produits d'hydrolyse dont le plus polaire migre et est révélé au thymol de façon identique au glucose (tache violette, *Rf* 0,54 dans des conditions de migration dichlorométhane - méthanol : 1-1). La structure du composé **D 5** est nouvelle et est attribuée à la 10-β-glucopyranosyl-10-épi-tazopsine. D'une manière générale, aucun morphinane naturel glycosylé n'avait été décrit auparavant.

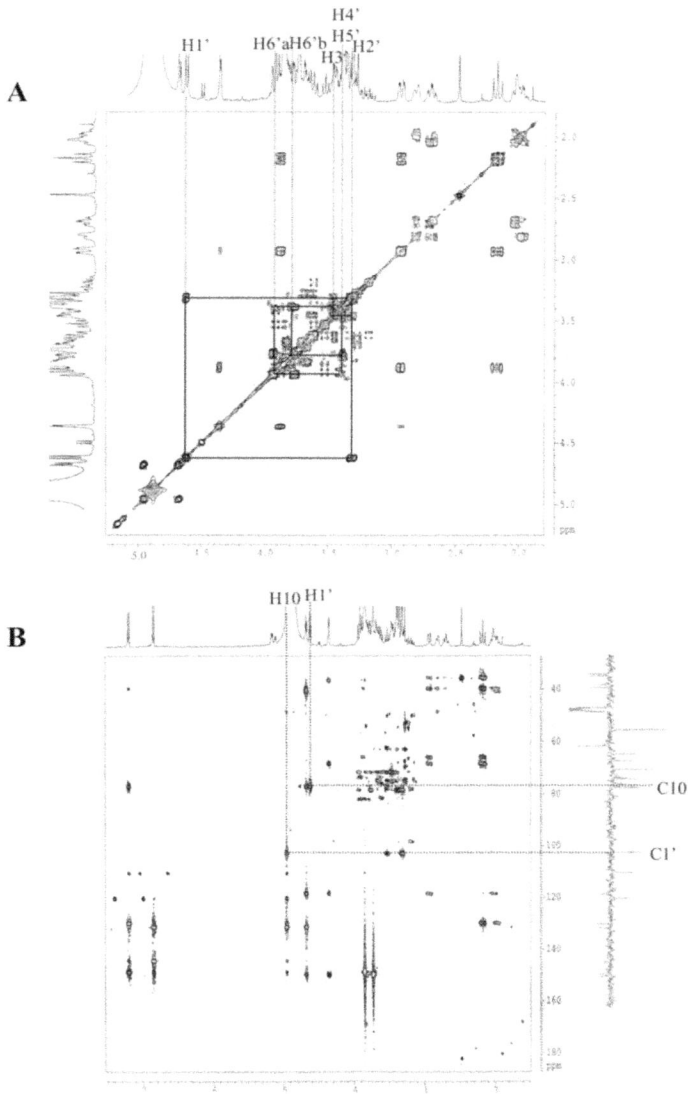

Figure 51 : Spectres de RMN COSY (A) et HMBC (B) de l'épi-tazopsine-β-glucoside D 5
(CD3OD, 1H 400 MHz, 298 K)

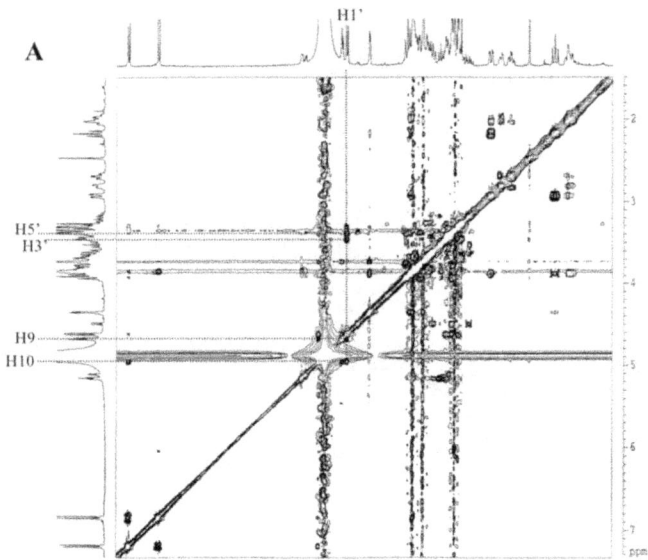

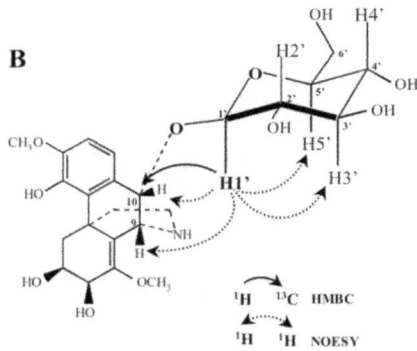

Figure 52 : A, Spectre de RMN NOESY de l'épi-tazopsine β-glucoside D 5 (CD3OD, 1H 400 MHz, 298 K).
B, Sélection de corrélations HMBC et NOE de D 5

Carbone N°	D 1 (épi-tazopsine)		D 2 (sel d'épi-tazopsinium)		D 5 (épi-tazopsine β-glucoside)	
	δ C	δ H (multiplicité, J (Hz))	δ C	δ H	δ C	δ H
1	118,4	7,01 (dd, *1,0; 8,5*)	118,9	7,02 (dd, *1,0; 8,5*)	120,2	7,19 (dd, *1,0; 8,5*)
2	110,7	6,9 (d, *8,5*)	111,2	6,91 (d, *8,5*)	110,5	6,84 (d, *8,5*)
3	148,5	-	148,8	-	148,9	-
4	144,8	-	144,2	-	144,3	-
5 5a 5b	36,6	2,93 (dd, *3,0; 13,7*) 2,17 (dd, *13,7; 1,.7*)	36,1	2,98 (dd, *3,0; 13,5*) 2,22 (dd, *13,5; 13,5*)	36,5	2,93 (dd, *3,1; 13,7*) 2,17 (dd, *13,7; 13,7*)
6	68,4	3,86 (m, *2,6; 3,0; 13,7*)	68,1	3,86 (m, *2,8; 3,0; 13,5*)	68,3	3,84 (m, *3,1; 3,3; 13,7*)
7	66,1	4,32 (d, *2,6*)	65,3	4,38 (d, *2,8*)	65,8	4,35 (d, *3,3*)
8	148,6	-	152,0	-	149,5	-
9	51,9	4,37 (d, *5,6*)	52,4	4,75 (d, *6,1*)	48,4	4,67 (d, *5,7*)
10	69,7	4,73 (dd, *1,0; 5,6*)	67,3	4,92 (dd, *1,0; 6,1*)	76,9	4,95 (d, *1,0; 5,7*)
11	134,5	-	132,8	-	131,2	-
12	129,6	-	128,5	-	129,6	-
13	40,0	-	39,0	-	39,6	-
14	120,2	-	113,6	-	118,3	-
15 15a 15b	35,9	1,95 (ddd, *5,0; 12,3; 12,3*) 2,04 (dd. *3,8; 12,3*)	34,0	2,07 (ddd, *4,7; 13,1; 13,1*) 2,15 (dd, *3,0; 13,1*)	35,7	1,97 (ddd, *4,6; 12,5; 12,5*) 2,03 (dd, *3,0; 12,5*)
16 16a 16b	40,8	2,72 (dd, *5,0; 12,3*) 2,66 (ddd, *3,8; 12,3; 12,3*)	40,7	3,06 (dd, *4,7; 13,0*) 2,80 (ddd, *3,0; 13,0; 13,1*)	40,8	2,82 (dd, *4,6; 12,3*) 2,69 (ddd, *3,0; 12,3; 12,5*)
3-OCH₃	56,8	3,85 (s)	56,6	3,86 (s)	56,6	3,85 (s)
8-OCH₃	56,6	3,71 (s)	56,2	3,77 (s)	56,6	3,73 (s)
Glucose					102,8	4,61 (d, *7,8*)
2'					75,2	3,31 (dd, *7,8; 8,6*)
3'					78,2	3,46 (dd, *7,8; 8,6*)
4'		-		-	71,6	3,38 (dd, *7,8; 9,3*)
5'					78,3	3,38 (ddd, *4,9; 7,1; 9,3*)
6' 6'a 6'b					62,8	3,92 (dd, *4,9; 11,8*) 3,76 (dd, *7,1; 11,8*)

Tableau 14 : Données de RMN 1H et 13C des morphinanes épi-tazopsine D 1, sel d'épi-tazopsinium D 2 et de l'épi-tazopsine β-glucoside D 5 (CD₃OD)

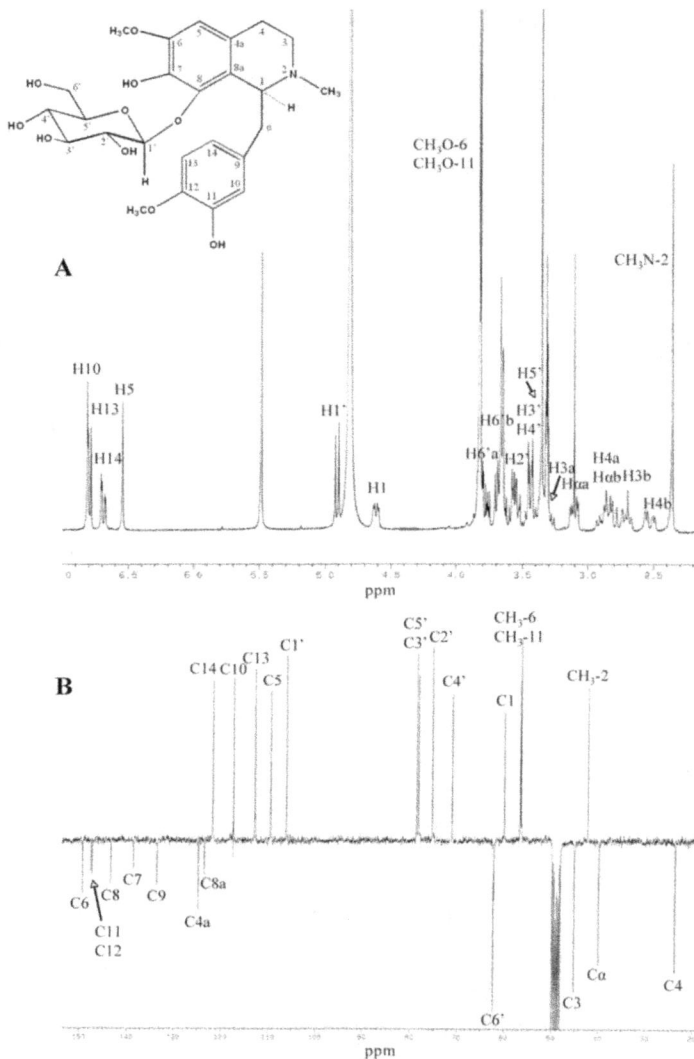

Figure 53 : Spectres de RMN 1H (A) et 13C (B) de la maoside D 3
(δH 400 MHz, δC 75 MHz, 298 K, CD3OD)

e. Structure de D 3 : maoside

Le composé **D 3** a été isolé sous forme d'une poudre orangée et est optiquement actif $[\alpha]_D$ 22 -6 (c 0,25 ; CH$_3$OH). Son spectre de masse sous ionisation ES en mode positif montre l'ion moléculaire protoné [M+H]$^+$ à *m/z* 508,198 qui compte tenu des données RMN (1H et 13C) correspond à la formule brute

$C_{24}H_{33}NO_{10}$ (calc. 508,2183 pour $C_{24}H_{34}NO_{10}$) ; elle implique 10 degrés d'insaturation.

Le spectre du 13C, J-modulé de **D 3** (figure 53B), présente dans la région des carbones sp3, quatre CH_2 entre 23,7 et 62,3 ppm, un CH_3 à 42,3 ppm appartenant à un groupement N-méthyle, deux CH_3 vers 56 ppm caractéristiques de méthoxyles et cinq CH entre 60,1 et 78,7 ppm. Dans la région des carbones sp2, on distingue 5 CH entre 106,3 et 121,8 ppm, ainsi que huit carbones quaternaires entre 123,5 et 149,4 ppm.

Le spectre de RMN du 1H (figure 53A) révèle la présence de quatre protons aromatiques entre 6,52 et 6,79 ppm, de deux méthines à 4,90 et 4,53 ppm, de deux méthoxyles vers 3,8 ppm, d'un N-méthyle à 2,31 ppm et de douze protons aliphatiques entre 2,47 et 3,81 ppm. Les six protons aliphatiques entre 3,35 et 3,81 ppm suggèrent la présence d'un pyranose et le méthine à 4,90 ppm ($J = 7,8$ Hz), celle d'un proton anomérique en position axiale.

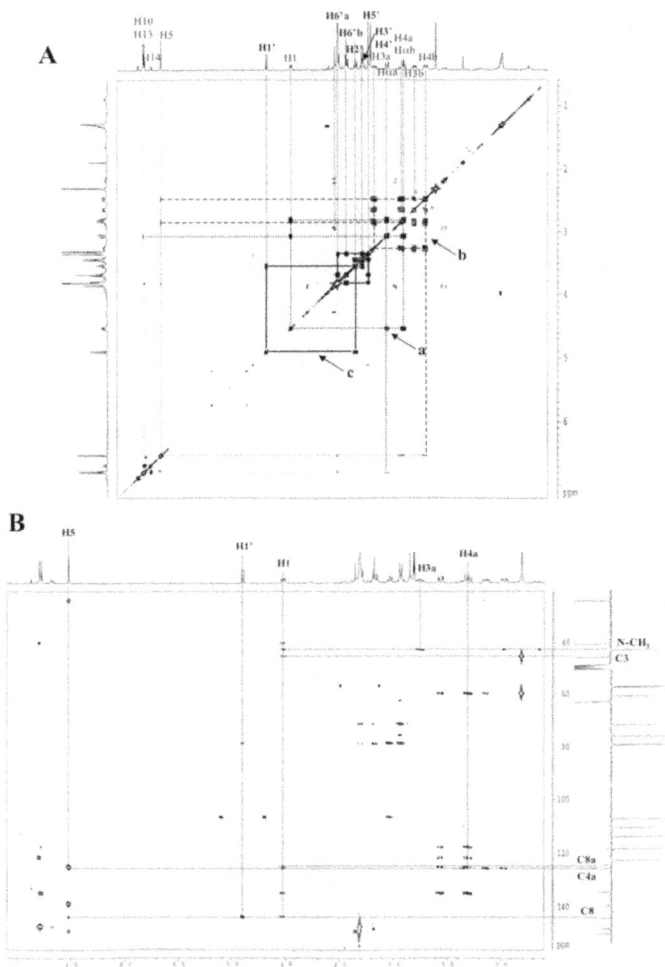

Figure 54 : Spectres de RMN COSY (A) et HMBC (B) de la maoside D 3 (δH 400 MHz, 298 K, CD3OD)

L'analyse du spectre 1H–1H COSY (figure 54A) permet de répartir ces protons en trois systèmes de spins : **a**, **b**, et **c** (figure 55). Les corrélations HMBC (figure 54B) permettent de relier ces fragments de structure **a**, **b** et **c** entre eux : les corrélations entre le proton H-1 et le carbone C-3, les protons H-1, H- 4a, H-5 et le carbone C-8a et celles qui sont entre les protons H-1, H-3b et le carbone N-CH3 connectent les fragments **a** et **b** par l'intermédiaire de l'atome d'azote. Les corrélations HMBC observées entre les protons H-1, H-1' et le carbone C-8, lient les fragments **ab** au fragment **c** et positionnent le pyranose sur le carbone C-8 (figure 56B).

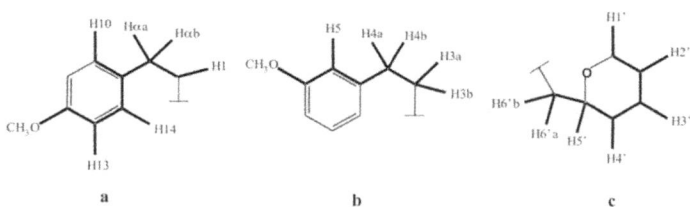

Figure 55 : Fragments de structure a, b et c de la maoside D 3

L'analyse du spectre NOESY (figure 56A) indique des corrélations entre les protons H-1', H-3' et H-5' d'une part et entre les protons H-2', H-4' et H-6' d'autre part, ce qui suggère que le pyranose correspond au glucose.

La structure du composé **D 3** est originale et nous l'avons nommé maoside. D'une manière générale, aucune benzylisoquinoléine portant un sucre en position 8 n'a été décrite auparavant. La configuration absolue en C-1 du composé **D 3** reste cependant à déterminer.

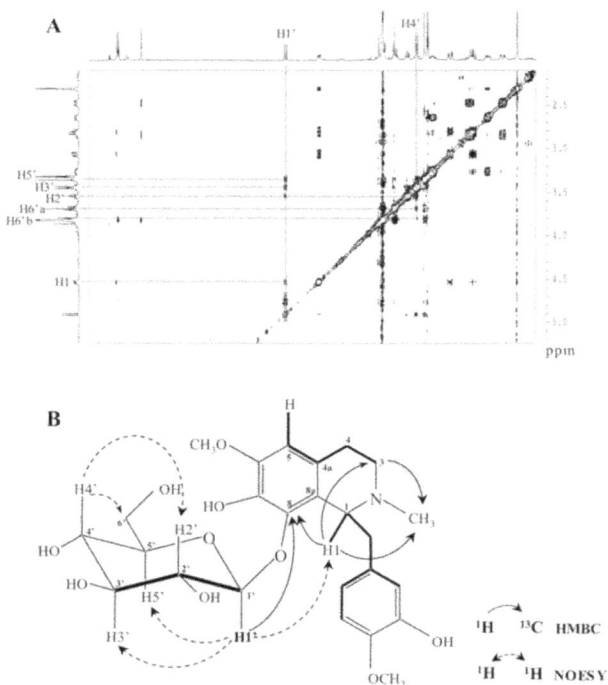

Figure 56 : A, Spectre de RMN NOESY de la maoside D 3 (δH 400 MHz, 298 K, CD$_3$OD)

B, Sélection de corrélations HMBC et NOESY de la maoside

D 3		δ C	δ H, multiplicité, J (Hz)
1		60,1	4,53, dd, 3,6; 9,2
2-NCH₃		42,3	2,31, s
3	3a	45,2	3,26, ddd, 2,0; 6,1; 13,0
	3b		2,65, ddd, 2,0; 7,1; 13,0
4	4a	23,7	2,83, m, 2,0; 7,1; 17,1
	4b		2,47, ddd, 2,0; 6,1; 17,1
4a		124,8	-
5		109,6	6,52, s
6		149,4	-
7		138,6	-
8		143,4	-
8a		123,5	-
α	αa	39,9	3,06, dd, 3,6; 14,6
	αb		2,83, m, 9,2; 14,6
9		133,7	-
10		117,4	6,79, d, 1,7
11		147,3	-
12		147,6	-
13		112,9	6,78, d, 8,2
14		121,8	6,67, dd, 1,7; 8,2
6-OCH₃		56,5	3,83, s
12-OCH₃		56,7	3,81, s
1'		106,3	4,90, d, 7,8
2'		75,4	3,54 , t, 7,8
3'		78,3	3,44, dd, 7,8; 10,7
4'		71,1	3,44, dd, 7,6; 10,7
5'		78,7	3,35, m, 4,4; 7,3; 7,6
6'	6'a	62,3	3,81, dd, 4,4; 12,2
	6'b		3,68, dd, 7,3; 12,2

Tableau 15 : Données de RMN 1H et 13C de la maoside D 3 (CD3OD)

f. Structure de D 4 : magnoflorine

Le composé **D 4** a été isolé sous forme d'un solide jaune amorphe, optiquement actif $[\alpha]_D$ 22 +185 (c 0,1 ; MeOH). Son spectre de masse sous ionisation ES en mode positif, montre l'ion moléculaire protoné $[M]^+$ à m/z 342,145 (calc. 342,1705 pour $C_{20}H_{24}NO_4$), impliquant 10 degrés d'insaturation.

Son spectre de RMN du 13C, J-modulé (figure 57B), montre la présence dans la région des carbones sp3, de trois CH₂ entre 24,7 et 62,4 ppm et de cinq CH₃ entre 43,5 et 71,2 ppm. Dans la région des carbones sp2, on distingue trois CH entre 109,6 et 117,3 ppm et neuf carbones quaternaires entre 116,2 et 153,0 ppm.

Sur le spectre de RMN du 1H (figure 57A), on distingue la présence de trois protons aromatiques entre 6,59 et 6,72 ppm, les signaux caractéristiques de deux méthoxyles vers 3,8 ppm, de deux N-méthyles à 2,90 et 3,31 ppm et de sept protons aliphatiques entre 2,61 et 4,19 ppm.

86

L'analyse du spectre 1H-1H COSY définit deux systèmes de spins. Dans le premier système, le proton H-9 à 6,72 ppm corrèle avec le proton H-8 à 6,59 ppm (*J ortho* = 8,0 Hz) qui lui-même corrèle avec l'un des protons H-7 du groupement méthylène à 2,61 ppm ; les protons H-7 corrèlent avec le proton H-6a à 4,19 ppm. Dans le deuxième système, les protons H-5a et H-5b respectivement à 3,61 et 3,45 ppm corrèlent avec les protons H-4a et H-4b respectivement à 3,22 et 2,79 ppm.

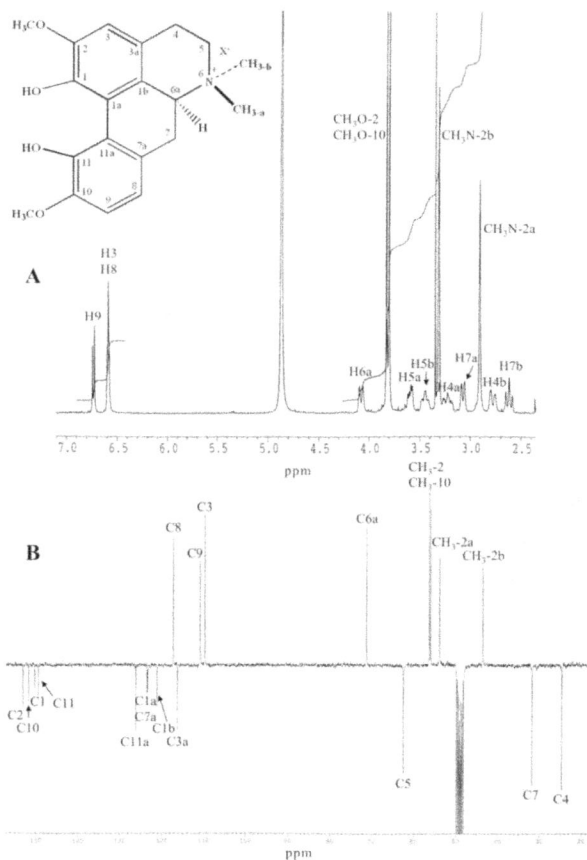

Figure 57 : Spectres de RMN 1H (A) et 13C (B) de la magnoflorine D 4
(δH 400 MHz, δC 75 MHz, 298 K, CD3OD)

Sur le spectre HMBC, les corrélations observées entre les protons H-5 et le carbone C- 6a, et entre les protons N-méthyles CH3-6a, CH3-6b et les carbones C-5 et C-6a, permettent de relier les deux systèmes de spins entre eux (figure 58). Les protons H-7 et H-3 corrélant avec le même carbone quaternaire C-1b à 121,1 ppm, définissent une structure de type aporphine. Les corrélations NOE observées entre le proton H-6a et les protons CH3-6b précisent la stéréochimie de l'azote (figure 58). Les données de RMN (1H et 13C, CD3OD) du composé **D 4** correspondent à celles décrites pour la (*S*)-magnoflorine (Barbosa-Filho J.M. *et al.*, 1997), la mesure de son pouvoir rotatoire (+185) est en accord avec celui décrit ($[\alpha]_D$ 22 +193 ; c 0,2 MeOH) (Slavik J., Dolejs L., 1973).

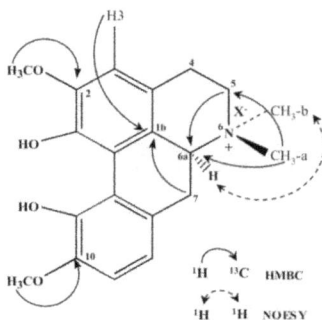

Figure 58 : Sélection de corrélations HMBC et NOE pour la magnoflorine D 4

g. Activité des alcaloïdes D 1 – D 5 sur le stade hépatique de *Plasmodium yoelii in vitro*

Le fractionnement du décocté d'écorces de tiges de *S. thouarsii* a permis d'isoler deux nouveaux morphinanes : l'épi-tazopsine, extraite sous forme de base **D 1** et sous forme de sel **D 2**, ainsi que l'épi-tazopsine-*β*-glucoside **D 5**. L'évaluation de leur activité (tableau 16) sur le développement hépatique de *Plasmodium yoelii in vitro* montre que seule l'épi-tazopsine est active (CI_{50} 16,1 ± 1,9 µM). Bien que l'activité de l'épi-tazopsine soit plus faible que celle de la tazopsine (CI_{50} 3,1 ± 0,2 µM), leur sélectivité est identique (*IS* 24,1).

	Activité antipaludique $IC_{50}Py$ (µM)	Cytotoxicité TC_{50} Hépatocytes (µM)	Sélectivité TC_{50} Hépatocytes / IC_{50} Py
Primaquine (référence)	*0,62 ±0,03*	*75,3 ±6,2*	*121,5*
Décoction (µg/ml)	8,5 ±0,7	> 160	> 18
Epi-tazopsine D 1	16,1 ±1,9	388,3 ±6,9	24,1
Sel de epi-tazopsinium D 2	20,2 ±0,4	373 ±11,2	18,5
Epi-tazopsine *β*-glucoside D 5	> 390	> 390	-
Maoside D 3	> 40	> 40	-
Magnoflorine D 4	> 40	> 40	-

Tableau 16 : Activités des alcaloïdes D 1 – D 4 de la décoction d'écorces, sur le développement hépatique de *Plasmodium yoelii* (*Py*), dans des cultures primaires d'hépatocytes de souris.

III. Sinoacutine, morphinandiénone isolée des feuilles : Isolement, structure et activité sur le stade hépatique de Plasmodium yoelii

Les résultats précédents ont montré que l'activité de la décoction des écorces de tiges de *S. thouarsii* sur le stade hépatique de *P. yoelii in vitro*, était due à la présence d'un morphinane majoritaire dans cette décoction, la tazopsine, et quelques analogues naturels minoritaires.

En vue d'isoler des analogues de la tazopsine potentiellement actifs, nous avons préparé une décoction des feuilles de *S. thouarsii*, selon le même protocole que pour les écorces. L'évaluation de l'activité de la décoction des feuilles sur le stade hépatique de *P. yoelii in vitro* a montré qu'elle n'était pas active (CI$_{50}$ > 40 μg/ml).

Cependant, les études phytochimiques antérieures effectuées sur les extraits organiques des feuilles mentionnent la présence d'un morphinane minoritaire, la sinoacutine, possédant la même stéréochimie que la tazopsine et de structure apparentée (Ratsimamanga- Urverg S. *et al.*, 1992). Nous avons donc entrepris l'isolement de la sinoacutine à partir d'un extrait alcaloïdique de feuilles afin d'évaluer son activité sur le développement hépatique de *P. yoelii*.

1. Fractionnement de l'extrait alcaloïdique de feuilles

Les feuilles séchées et broyées ont été dégraissées par du cyclohexane puis extraites par macération dans de l'éthanol, pour donner l'extrait brut éthanolique de feuilles. Cet extrait a ensuite été fractionné par un traitement acide-base pour donner un extrait brut alcaloïdique (figure 59). L'extrait brut alcaloïdique a été fractionné par chromatographie sur Sephadex (**fa**), puis par chromatographie sur silice (**fb**), ce qui a conduit à l'isolement de la sinoacutine.

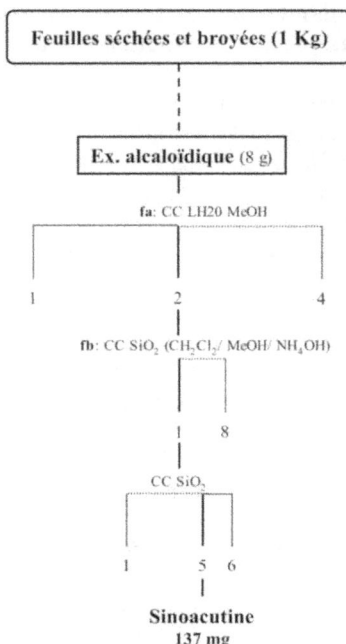

Figure 59 : Fractionnement de l'extrait éthanolique des feuilles
de *S. thouarsii* et isolement de la sinoacutine

2. Structure de la sinoacutine

La sinoacutine a été isolée sous forme d'une poudre orange amorphe. Son spectre de masse sous ionisation ES en mode positif montre l'ion moléculaire protoné $[M+H]^+$ à *m/z* 328,149 (calc. 328,1549 pour $C_{19}H_{22}NO_4$), correspondant à la formule brute C19H21NO4 en accord avec les données RMN (1H et 13C) et impliquant 10 degrés d'insaturation.

L'analyse du spectre de RMN du 1H (figure 60A) met en évidence la présence de quatre protons aromatiques entre 6,28 et 7,51 ppm, de deux méthoxyles à 3,70 et 3,83 ppm, d'un *N*-méthyle à 2,43 ppm et de sept protons aliphatiques entre 1,74 et 3,70 ppm. Sur le spectre de RMN du 13C (figure 60B), on distingue trois CH_2 entre 32,7 et 46,9 ppm, deux méthoxyles à 54,7 et 56,2 ppm, un *N*-méthyle à 41,5 ppm et un CH à 60,9 ppm. Dans la région des carbones sp2, on observe le signal d'une fonction carbonyle à 181,3 ppm, quatre CH entre 109,5 et 122,1 ppm et six carbones quaternaires entre 124,0 et 161,5 ppm.

L'analyse du spectre COSY met en évidence l'enchaînement de protons suivant : le proton aromatique H-2 à 6,70 ppm corrèle avec le proton H-1 à 6,01 ppm (*J ortho* = 8,3 Hz) et aussi à longue distance avec le méthoxyle à 3,83 ppm. Les protons du méthylène H-10 corrèlent avec le méthine H-9 à 3,70 ppm, tandis que les méthylènes H-15 et H-16 corrèlent entre eux.

Sur le spectre HMBC, les corrélations des protons CH3O-6, H-5 et H-8 avec le carbone C-6 à 150,9 ppm et celle du proton H-5 avec le carbonyle C-7, mettent en évidence une fonction diénone (figure 61B). Les corrélations observées entre les protons H-5, H-15, H- 9 et le carbone quaternaire C-14 à 161,5 ppm et celles observées entre les protons H-8, H-9, H-15, H-16 et le carbone quaternaire C-13 à 43,6 ppm, permettent de relier les deux enchaînements de protons précédemment définis, à la diénone, par l'intermédiaire de la liaison covalente C-13 – C-14, formant ainsi le cycle (C). Les corrélations du N-méthyle avec les carbones C-9 et C-16 et celle du proton H-9 avec le carbone C-16, permettent de former le cycle (D). Enfin, les corrélations entre les protons H-5, H-1, H-15a et le carbone C-12 permettent de relier les cycles (C), (D) et (A) par la liaison C12 – C13 formant ainsi le cycle (B).

La mesure du pouvoir rotatoire de la sinoacutine, $[\alpha]_D$ 22 -39 (c 0,1 ; CH_2Cl_2), correspondant à celle décrite dans la littérature (-78, $CHCl_3$) (Dekker T.G. *et al.*, 1988; Kashiwaba N. *et al.*, 1996), implique la même configuration absolue (S) au niveau du carbone C-9 et donc la même stéréochimie que la tazopsine et ses dérivés.

91

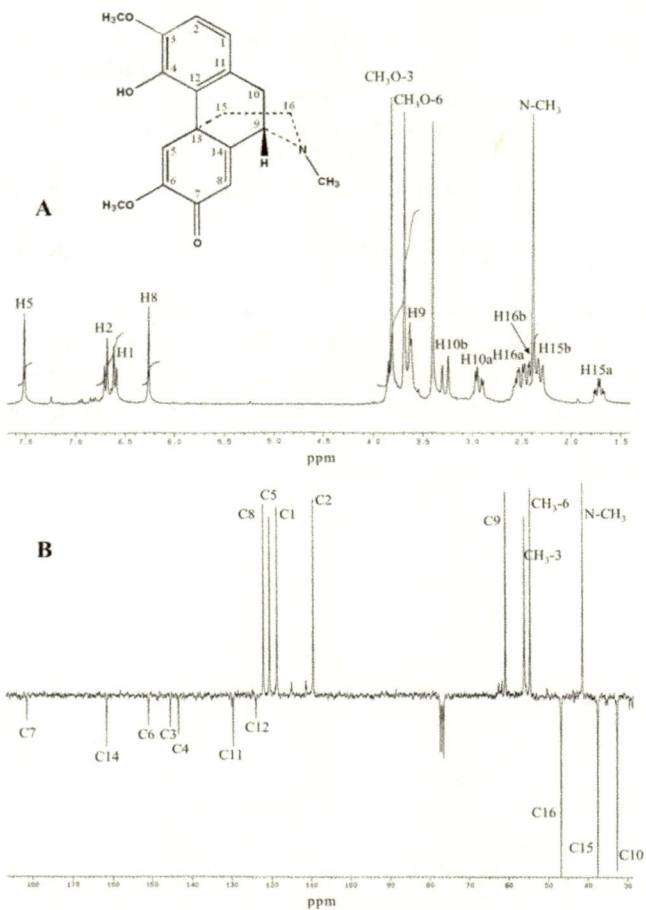

Figure 60 : Spectres de RMN 1H (A) et 13C (B) de la sinoacutine
(δH 400 MHz, δC 75 MHz, 298 K, CD3OD)

A

Sinoacutine	δ_C (ppm)	δ_H (ppm), m, J (Hz)
1	118,7	6,01, d, 8,3
2	109,5	6,70, d, 8,3
3	145,4	-
3-OCH₃	56,2	3,83, s
4	143,3	-
5	120,5	7,51, s
6	150,9	-
6-OCH₃	54,7	3,70, s
7	181,3	-
8	122,1	6,28, s
9	60,9	3,70, d, 5,0
10 — 10a	32,7	2,97, dd, 5,0; 17,8
10 — 10b		3,30, d, 17,8
11	129,6	-
12	124,0	-
13	43,6	-
14	161,5	-
15 — 15a	37,5	1,74, ddd, 12,7; 12,6; 4,6
15 — 15b		2,33, dd, 12,7; 3,8
16 — 16a	46,9	2,61, dd, 12,5; 4,6
16 — 16b		2,48, ddd, 12,6; 12,5; 3,8
N-CH₃	41,5	2,43, s

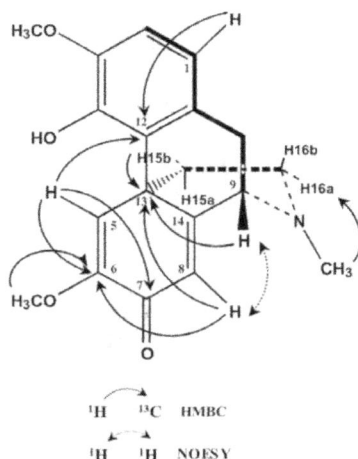

Figure 61 : A, Données de RMN 1H et 13 C de la sinoacutine (CD3OD)
B, Sélection de corrélations HMBC et NOE de la sinoacutine

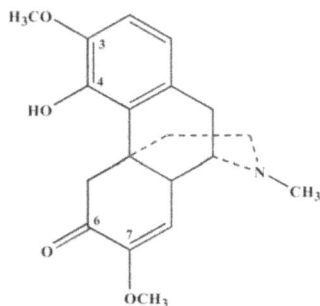

Figure 62 : Structure de la sinoménine

3. Activité de la sinoacutine sur le stade hépatique de *Plasmodium yoelii in vitro*

La sinoacutine diffère des morphinanes précédemment isolés des écorces de tiges, par la présence d'un groupement méthyle sur l'atome d'azote et d'un système

5,8-dien-7-one sur le cycle (*C*). Toutefois, ses deux centres asymétriques, en C-9 et C-13 ont la même configuration absolue que la tazopsine.

L'évaluation de la sinoacutine sur le stade hépatique de *P. yoelii* 265 BY dans des cultures d'hépatocytes de souris, révèle qu'elle n'inhibe pas le développement des parasites, à des concentrations supérieures à 100 µM. L'absence d'activité a également été observée pour une autre morphinanediénone *N*-méthylée, possédant une fonction cétone conjuguée en 6, la sinoménine (figure 62).

En conclusion, les constituants extraits des écorces de tiges de *S. thouarsii* diffèrent selon le type de solvant employé : les alcaloïdes majoritaires dans un extrait organique éthanolique sont des bisbenzylisoquinoléines tandis que les alcaloïdes majoritaires dans un extrait aqueux sont des morphinanes. Le criblage de l'ensemble des alcaloïdes extraits montre que seuls les morphinanes inhibent le développement hépatique de *P. yoelii in vitro* et trois morphinanes parmi les quatre isolés sont actifs. Les sels de tazopsinium **EM 2** et d'épitazopsinium **D 2** sont moins actifs et moins sélectifs que leurs bases respectives *in vitro*. De plus, la tazopsine **EM 1** est plus active que la sinococuline **EM 3** tandis que la tazopsine et l'épi-tazopsine **D 1** sont moins toxiques sur les hépatocytes que la sinococuline. Ceci suggère que la présence de l'hydroxyle en 10 augmente à la fois l'activité et diminue la toxicité ; il en résulte effectivement que les index de sélectivité de la tazopsine et de l'épi-tazopsine sont plus élevés (*IS* 24) que celui de la sinococuline (*IS* 13). De plus, l'engagement de l'hydroxyle 10 dans une liaison β-glucoside, comme dans le cas du composé **D 5**, annule toute activité.

L'encombrement stérique du glucose dans cette région peut être la cause de la perte d'activité. Enfin, une modification de la fonctionnalité du cycle (*C*) de la tazopsine et la tri-substitution de l'atome d'azote, comme dans le cas de la sinoacutine et de la sinoménine semblent préjudiciable pour la conservation de l'activité.

Afin de vérifier ces dernières hypothèses, des dérivations chimiques ont été effectuées sur les fonctionnalités les plus accessibles de la tazopsine.

IV. Activités *in vitro* et *in vivo* de la tazopsine sur le stade hépatique de *Plasmodium*

1. Activité de la tazopsine sur le stade hépatique de *Plasmodium in vitro*
a. Mise en culture des hépatocytes et infection

Des primo-cultures d'hépatocytes de rongeurs isolés de foie de souris SWISS par perfusion de collagénase (1g/l) et purifiés sur une phase de Percoll à 60%, sont réalisées en chambres de cultures stériles compartimentées, dans du milieu de culture complet Williams, puis incubées une nuit à 37°C sous 4% de CO_2. Les hépatocytes sont infectés le lendemain par des sporozoïtes (*Plasmodium yoelii*, souche 265 BY) provenant de glandes salivaires d'anophèles infectées (*Anopheles stephensi*), à raison de 100000 sporozoïtes par puits, en présence ou non du composé à tester. L'infection préalable des anophèles est réalisée en les nourrissant lorsque âgées d'une semaine, par une souris SWISS elle-même infectée par *P. yoelii* au stade érythrocytaire et contenant des gamétocytes infectieux (forme du parasite transmise au moustique vecteur). Les anophèles sont privés d'autres formes de boisson et de nourriture 24 heures avant et après le repas sanguin afin de sélectionner les femelles. Un échantillon d'anophèles est prélevé 9 jours plus tard pour s'assurer de l'efficacité de l'infection, en recherchant la présence de parasites (oocystes) sur la paroi de leurs estomacs. Si ce contrôle est positif, alors les anophèles reçoivent un deuxième repas sanguin non infectieux, afin de favoriser la maturation des oocystes. Les sporozoïtes sont alors extraits des glandes salivaires, la semaine suivante.

Les composés à tester sont solubilisés dans du DMSO et les milieux de culture contenant les composés à tester sont renouvelés 3 heures, puis 24 heures après l'infection. Les cultures sont arrêtées 48 heures après l'infection par fixation au méthanol froid. Les parasites qui se sont développés (stade schizonte) sont alors immuno-marqués à l'aide d'un sérum obtenu par immunisation de souris BALB/c avec un fragment recombinant de la partie N-terminale de la protéine recombinante I72 et réagissant contre la protéine HSP70 de *Plasmodium*. Ensuite, un second anticorps anti-immunoglobuline de souris conjugué au marqueur FITC (Fluorescein IsoThioCyanate), ainsi qu'un marqueur fluorescent spécifique des acides nucléiques DAPI (DiAmidino-PhenylIndol) sont co-incubés avec les cultures et permettent de visualiser respectivement les parasites et les noyaux des parasites et des hépatocytes. Le nombre et la taille des schizontes sont alors comptés au microscope à fluorescence.

L'évaluation des composés sur des cultures primaires d'hépatocytes humains infectés par *Plasmodium falciparum* (souche NF54) s'effectue quant à elle par perfusion enzymatique de fragments de foies fournis lors d'hépatectomies partielles chez des patients adultes (en agrément avec la législation française en matière de bioéthique) (Guguen-Guillouzo C. *et al.*, 1982; Silvie O. *et al.*, 2004). Ces hépatocytes humains sont infectés 48 heures après leur mise en culture sur du collagène, par des sporozoïtes obtenus par dissection de glandes salivaires d'*Anopheles stephensi* infectées par *P. falciparum* (provenant du laboratoire du Pr. Robert Sauerwein, Université de Nijmegen aux Pays-Bas) (Mazier D. *et al.*, 1985). Les milieux de culture contenant les composés à tester sont renouvelés 3 heures après l'infection puis toutes les 24 heures. Les cultures sont fixées 5 jours après l'infection puis marquées dans les mêmes conditions que les hépatocytes murins.

b. Evaluation de la cytotoxicité des composés sur les hépatocytes

Les hépatocytes primaires murins ou humains isolés sont ensemencés dans des plaques 96 puits stériles sur collagène à une densité de 5×10^4 and 7×10^4 cellules par puits respectivement. Les composés sont ajoutés au milieu de culture chaque jour. Après 48 h d'incubation avec les composés (hépatocytes murins) ou 5 jours (hépatocytes humains), 50 µl de rouge neutre dilué à 0,02% dans du tampon phosphate PBS est ajouté pour une incubation de 24 h supplémentaires (Zuang V. *et al.*, 2001). L'incorporation intracellulaire de rouge neutre est ensuite mesurée par ajout de 1% de SDS et quantification au spectrophotomètre (OD540). Les valeurs

TC_{50} représente la concentration en composé à laquelle une diminution de 50 % reduction de l'incorporation du rouge neutre est observée.

c. Inhibition de la tazopsine sur le développement hépatique de *Plasmodium*

Une inhibition sur le nombre de parasites avait été observée à partir de la décoction de *S. thouarsii* (IC_{50} 8,5 ± 0,7 µg/ml) jusqu'à leur élimination complète aux concentrations ≥ 20 µg/ml. De plus à ces concentrations, aucune toxicité n'avait été observée sur les hépatocytes. Le fractionnement bio-guidé *in vitro* engagé pour identifier le composé responsable d'une telle activité nous a permis d'isoler la tazopsine, constituant majeur de la décoction (10,3 % p/p) (Carraz M. *et al.*, 2008).

La tazopsine purifiée est active à la fois sur *P. yoelii* et sur *P. falciparum*. L'inhibition totale des formes hépatiques de *P. yoelii* est obtenue à partir de 7.1 µM (IC_{50} 3.1 ± 0.2 µM), concentration inférieure au seuil de toxicité (TC_{50} 71.2 ± 3.2 µM) sur les cultures primaires d'hépatocytes (index thérapeutique de 23) (figure 63) (Carraz M. et al., 2006). Le développement des parasites de *P. falciparum* est inhibé par la tazopsine à partir de 28 µM (IC_{50} 4.3 ± 0.3 µM), correspondant à un index thérapeutique de 7, en utilisant des primo-cultures d'hépatocytes humains (TC_{50} 30 ± 5.7 µM).

L'examen microscopique de cultures soumises à des concentrations sub-optimales de la tazopsine révèle que la tazopsine inhibe la croissance des parasites, alors significativement plus petits que dans les cultures contrôles (figure 63).

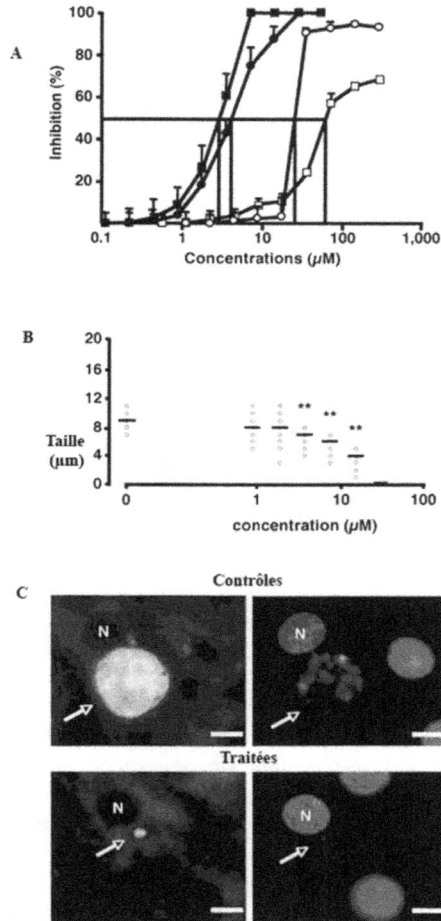

Figure 63: A, Inhibition du nombre de parasites *P. yoelii* (■) par rapport aux cultures contrôles (en moyenne 274 schizontes par puits), de parasites *P. falciparum* (●, en moyenne 83 schizontes par puits). Toxicité dose-dépendante de la tazopsine sur les primo-cultures d'hépatocytes murins ( ) et humains (O). B, Effet dose dependant de la tazopsine sur la taille des parasites *P. falciparum* (21 formes sont comptées pour chaque concentration, la barre représente la valeur médiane). Analyse statistique one-way ANOVA ($P < 0.0001$), couplée au test Tukey HSD: **, $P < 0.01$. C. Formes intra-hépatiques de *P. falciparum* traitées par la tazopsine (15 µM) pendant 5 jours. Révélation des noyaux par le DAPI (à droite) et des parasites par marquage anti-PfHSP70 (à gauche). La barre représente 5 µm

Nous avons ensuite voulu tester l'effet de la tazopsine sur le développement d'une autre espèce murine de *Plasmodium* : *P. berghei* ANKA (Franke-Fayard B. *et al.*, 2004). La tazopsine inhibe significativement le nombre de schizontes de *P. berghei* se développant dans des cultures d'hépatomes HepG2 (CI_{50} 9,96 ±0,36 µM)

(Gego A., 2005). La sélectivité de la tazopsine sur le développement de *P. berghei* (*IS* 2,5) est 9 fois plus faible que dans le modèle *P. yoelii*/ hépatocytes de souris (*IS* 23). L'évaluation de l'activité de la tazopsine sur le développement de *P. berghei* ANKA dans des cultures primaires d'hépatocytes de souris (figure 64) montre une inhibition du nombre de parasites se développant dans ces cultures, 48 h après l'infection (CI_{50} de 3 µM). A une concentration de 30 µM de tazopsine, l'inhibition des parasites est totale. La tazopsine inhibe donc aussi bien le développement de *P. yoelii* que celui de *P. berghei* dans les hépatocytes primaires de souris.

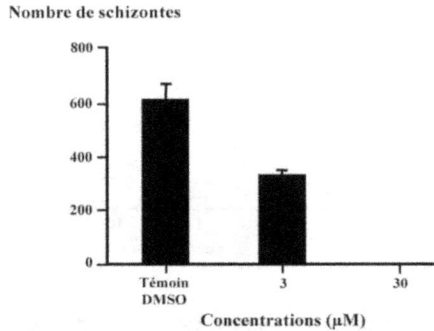

Figure 64: Effet de la tazopsine en co-infection, sur le nombre de schizontes *P. berghei* dans des cultures primaires d'hépatocytes de souris, 48 h après infection

2. Mise en évidence d'une activité stade-dépendant de la tazopsine

Afin de déterminer à quelle étape du développement hépatique, les parasites étaient les plus sensibles à la tazopsine, nous avons exposé des cultures de *P. yoelii* à des concentrations sub-optimales de drogue, à différents temps du développement du stade hépatique: les 3 premières heures après infection des cultures par les sporozoïtes, période correspondant à l'invasion des sporozoites dans les hépatocytes ; de 3 à 24 heures après infection, à la fin de laquelle la division cellulaire est initiée dans les trophozoïtes en croissance ; et de 24 à 48 heures, lorsque les schizontes maturent en formes multinucléaires. L'invasion des sporozoïtes et leur différenciation en formes hépatiques jeunes ne semblent pas affectées par la tazopsine (figure 65). L'inhibition par la tazopsine est en revanche maximale aux étapes précoces de développement des parasites dans les hépatocytes (de 3 à 24 h). Des expériences similaires montrent que pour *P. falciparum* la phase trophozoïte est également la plus sensible (figure 65). Cette inhibition est pour les deux espèces de parasites, dose-dépendant.

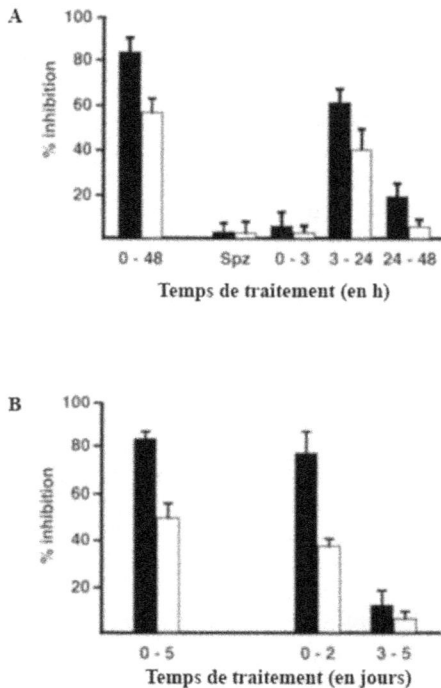

Figure 65: A, Cultures de *P. yoelii* soumises à 3 µM de tazopsine (CI$_{50}$, barres blanches) ou 5 µM (CI$_{80}$, barres pleines) à différentes phases du développement de 48 h. Pré-incubations de 80000 sporozoïtes (Spz) en présence de 5 µM ou 100 µM de tazopsine pendant 1 h ou 3 h respectivement, ont été effectuées à température ambiante ; les sporozoïtes sont ensuite lavés avant d'être co-incubés avec les hépatocytes. B, Cultures de *P. falciparum* soumises à 4 µM de tazopsine (CI$_{50}$) ou 10 µM (CI$_{80}$) à différentes phases du développement de 5 jours. L'inhibition est mesurée en terme de nombre de parasites par rapport aux cultures contrôles (en moyenne 408 pour *P. yoelii* et 105 pour *P. falciparum*)

3. Activité directe de la tazopsine en pré-incubation sur les hépatocytes

Afin de préciser l'effet potentiel de la tazopsine en prévention, nous avons réalisés une pré-incubation des hépatocytes de souris avec la tazopsine, 24 heures avant leur infection par des sporozoites de *P. yoelii*. Trois concentrations ont été utilisées: 1,5 µM (CI$_{30}$), 3 µM (CI$_{50}$) et 5 µM (CI$_{80}$). Nous observons qu'une pré-incubation de la tazopsine sur les hépatocytes de souris inhibe significativement le nombre de schizontes se développant dans ces hépatocytes ultérieurement (figure 66). Cet effet est dose-dépendant.

L'inhibition observée après une pré-incubation de 24 h est plus importante avec 1,5 µM et 3 µM de tazopsine que lors d'une co-incubation pendant 48 h aux mêmes doses. L'effet inhibiteur de la tazopsine en pré-incubation est confirmé par l'observation d'une inhibition plus grande lors d'une incubation de -24 h à 48 h que pour incubation de 0 à 48 h, ce qui suggère que la pré-incubation potentialise la diminution du nombre de schizontes à 48h (figure 66).

Nous pouvons nous interroger sur l'activité de la tazopsine en pré-incubation : la tazopsine cible-t-elle l'hépatocyte, le parasite ou les deux ? Etant donné que les cultures pré-incubées sont lavées avant l'inoculation des parasites, l'interaction entre la tazopsine et les parasites n'est pas évidente. Cependant, il n'est pas exclu que la tazopsine ait pénétré dans les cellules et ait amorcé une métabolisation inhibant ainsi les parasites dès le début de leur développement. Ceci expliquerait le fait que lorsque l'on compare les temps d'incubation de même durée -24 h à 0 h ou 3 h à 24 h, la première condition inhibe davantage le développement des parasites que la deuxième. Une autre hypothèse est que la tazopsine agit sur l'hépatocyte soit d'une manière spécifique en affectant une ou des cibles nécessaires au développement des parasites, soit d'une manière aspécifique. Dans le premier cas, la modification de cette cible entraîne soit une diminution de l'invasion des parasites, soit une inhibition du développement. L'inhibition de la taille observée lors des pré-incubations est en faveur d'une inhibition sur le développement mais cette hypothèse reste à vérifier. Deux arguments permettent d'affirmer que l'inhibition observée lors de la pré-incubation ne peut être aspécifique. Tout d'abord, à la concentration de 5 µM et lors d'un temps d'incubation deux fois plus long (48 h), la viabilité des hépatocytes de souris testée par incorporation du rouge neutre, n'est pas affectée. Ensuite, la pré-incubation des hépatocytes de souris avec la tazopsine (1,5 et 5 µM) et leur co-infection avec des sporozoïtes de *P. yoelii* et d'autres parasites (des tachyzoïtes de *Toxoplasma gondii*, souche RH ou des spores d'*Encephalitozoon intestinalis*) (figure 66) inhibe le développement de *P. yoelii* sans inhiber le développement des autres parasites. Ces résultats impliquent que la tazopsine agit spécifiquement en pré-incubation sur le développement de *P. yoelii* dans les hépatocytes primaires de souris.

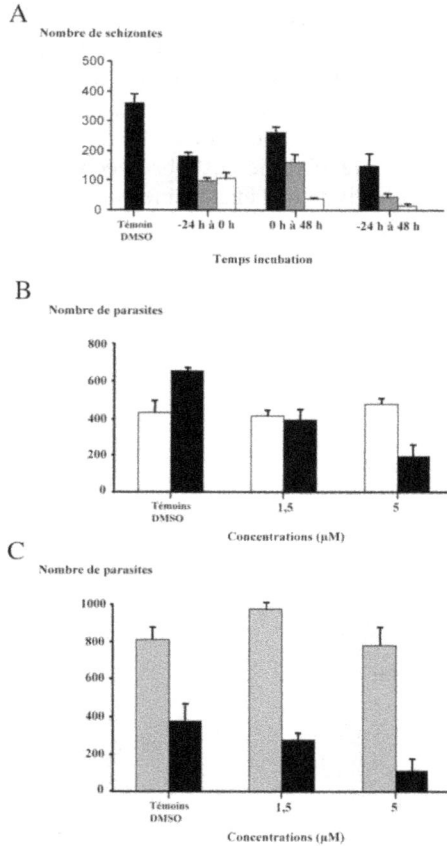

Figure 66 : A, Effet de la tazopsine pré-incubée pendant 24 h dans des cultures primaires d'hépatocytes de souris (en noir : 1,5 µM, en gris : 3 µM, en blanc : 5 µM) sur le nombre de schizontes *P. yoelii*, 48 h après infection (= 0 h). B, Comparaison de l'effet de la tazopsine pré-incubée pendant 24 h dans des cultures d'hépatocytes de souris, à 1,5 et 5 µM, sur le nombre de schizontes *P. yoelii* 48 h après infection (en noir) et sur le nombre de pseudo-kystes *T. gondii* 30 h après infection (en blanc). C, Comparaison de l'effet de la tazopsine (1,5 et 5 µM) pré-incubée pendant de 24 h dans des cultures d'hépatocytes de souris, sur le nombre de schizontes *P. yoelii* (en noir) et sur le nombre de sporontes *E. intestinalis* (en gris), 48 h après infection

4. Activité *in vitro* de la tazopsine sur d'autres parasites *T. gondii* et *E. intestinalis* pouvant de développer dans des hépatocytes primaires

Afin de confirmer la sélectivité de la tazopsine sur le parasite *P. yoelii,* nous avons mesuré l'effet de la tazopsine sur le développement de *T. gondii* et *E. intestinalis* en co-infection, dans des hépatocytes de souris (figure 67). Nous avons pu observer que la tazopsine testée jusqu'à des concentrations de 30 µM n'avait aucun effet sur le développement de ces deux parasites dans les hépatocytes de souris, y

101

compris aux concentrations où la tazopsine inhibe totalement le développement de *P. yoelii* (> 7,1 µM). Ceci est en faveur d'une spécificité de la tazopsine sur le parasite *P. yoelii* à ces concentrations. Il n'est toutefois pas exclu que la tazopsine puisse inhiber le développement de ces parasites à des concentrations plus élevées. Cependant compte tenu de l'effet cytotoxique de la tazopsine sur les hépatocytes de souris (TC$_{50}$ de 71,2 µM), si une inhibition est observée à cette concentration, nous ne pourrions conclure sur la sélectivité de la tazopsine pour ces parasites.

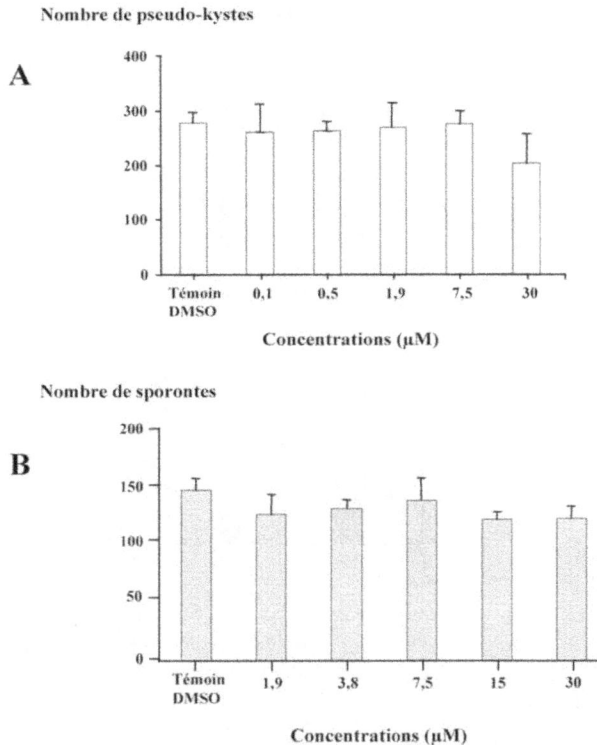

Figure 67: A, Effet de la tazopsine en co-infection, sur le nombre de tachyzoïtes de *T. gondii* se développant dans des cultures primaires d'hépatocytes de souris, 30 h après infection. B, Effet de la tazopsine en co-infection, sur le nombre de spores de *E. intestinalis* se développant dans les hépatocytes de souris, 46 h après infection

5. Activité *in vivo* de la tazopsine chez la souris

Afin d'évaluer l'activité inhibitrice de la tazopsine sur le développement pré-érythrocytaire de *P. yoelii in vivo,* nous avons tout d'abord cherché les concentrations de tazopsine pouvant être acceptées par les souris (femelles Swiss âgées de 6 semaines). Les tests préliminaires de toxicité aigüe chez la souris ont montré qu'une dose de 200 mg /Kg/ jour de tazopsine diluée dans l'eau et administrée oralement dans pendant 4 jours consécutifs n'était tolérée que pour 30% des souris. Cependant, à des doses de tazopsine 2 à 4 fois plus faibles (soit 100 et 50 mg/ Kg/ jour pendant 4 jours), 100 % des souris survivent au traitement au-delà de 30 jours.

La tazopsine administrée à 50 mg/ Kg/ jour pendant 4 jours (un jour avant l'infection et trois fois pendant les deux jours du stade hépatique : J0 à J0+ 40 h), prévient le développement érythrocytaire de *P. yoelii* avec un taux de protection de 20% (figure 68). Chaque souris est infectée par 4000 sporozoïtes par une injection par voie rétro-orbitale. La parasitémie des souris est évaluée par l'examination par microscopie (objectif X50) de frottis sanguins colorés au Giemsa et effectués des jours 2 à 23 après infection. Une souris est negative lorsque aucun parasite n'est observé dans 20000 hématies pendant les 23 jours d'observation. Ainsi nous avons pu observer que l'apparition de la parasitémie pour les souris qui ne sont pas protégées survient avec un délai de 5 à 9 jours après l'infection, soit en moyenne deux jours après les souris témoins non traitées. A ce délai d'apparition de la parasitémie, sont associées des parasitémies moyennes plus faibles pour les souris positives traitées que les souris témoins pendant les 12 jours qui suivent l'infection (figure 68). Au 13ème jour, les parasitémies des souris traitées et témoins sont similaires. Selon le même protocole, nous avons observé que l'administration de 100 mg/ Kg/ jour de tazopsine (4 doses) pendant le stade pré-érythrocytaire, prévenait à 68 % l'infection des souris par des sporozoïtes de *P. yoelii* (figure 68). L'apparition de la parasitémie survient pour les 32% des souris infectées de 6 à 8 jours après l'infection avec un délai moyen de 4 jours par rapport aux souris témoins non traitées. Plus de 10 jours après l'infection, les parasitémies des souris traitées sont significativement plus faibles que celles des souris témoins, mais sont identiques au bout du 16ème jour.

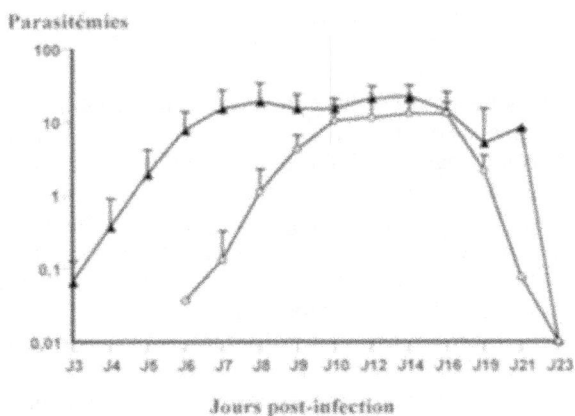

Figure 68: Parasitémies moyennes des souris infectées (J0) par 4000 sporozoïtes, (▲) témoins et ( ) traitées oralement avec la tazopsine (à J-1, J0, J1 et J0 +40h) à 100 mg/ Kg/ jour. Tableau représentant le nombre de souris ne développant pas de parasitémie après un traitement à la tazopsine

Bien que la tazopsine ait été strictement administrée pendant le développement hépatique de *P. yoelii* et que son effet inhibiteur sur le développement de *P. yoelii* dans les cultures des hépatocytes de souris ait été précédemment établi, nous avons confirmé que l'absence de développement érythrocytaire observé dans 20% et 68% des cas aux doses respectives de 50 et 100 mg/Kg, ainsi que le retard dans le délai d'apparition de la parasitémie étaient rétrospectivement dû à un effet direct de la tazopsine sur le développement de *P. yoelii* dans les foies des souris.

Par PCR quantitative (Witney A.A. *et al.*, 2001), nous avons quantifié le nombre de copies d'ARN ribosomal 18S présentes 42 h après l'infection par des sporozoïtes de *P. yoelii* et ainsi évalué l'inhibition de la charge parasitaire des foies de souris traitées à ces deux doses. Un morceau de foie (0.2 g) est recueilli et l'ARN total extrait (Micro - Midi kit, Invitrogen). Cinq microgrammes d'ARN sont traités à la DNase (Turbo DNA-free kit, Ambion) et transcrits en cDNA par la *Superscript* II (Invitrogen). Six microlitres de cDNA (equivalents à 100 ng d'ARN total) sont amplifiés par PCR TaqMan® (MX4000 multiplex quantitative PCR system; Stratagene) en utilisant des primers du gène 18S rRNA (GeneBank accession number: AF266261) spécifique à *P. yoelii* (forward 5'-TTAGATTTTCTGGAGACAAACAACT, reverse 5'-TCCCTTAACTTTCGTTCTTGAT) et la sonde (5'-6FAM-CGAAAGCATTTGCCTAAAATACTTCCAT- BHQ1). Pour la normalisation, des primers du gène β-actin de souris sont employés (forward 5'-ACGGCCAGGTCATCACTATTG, reverse 5'-CAAGAAGGAAGGCTGGAAAAG) et la sonde (5'-HEX-CAACGAGCGGTTCCGATGCCC- BHQ2). Des plasmides purifiés (pCRII-TOPO) contenant les fragments PCR de *P. yoelii* 18S rRNA et de β-actin de souris sont quant à eux utilisés pour obtenir une courbe standard. Nous observons alors une inhibition de 72% de la charge parasitaire ($4,1 \times 10^5$ copies d'ARNr 18S pour 10^6 copies d'ARN β-actine de souris) dans les foies de souris traitées à la dose de 50 mg/ Kg/ jour de tazopsine par rapport aux souris témoins ($1,5 \times 10^6$ copies ARNr 18S) et une inhibition de 98% ($2,4 \times 10^4$ copies ARNr 18S) dans les foies de souris traitées à la dose de 100 mg/Kg (figure 69).

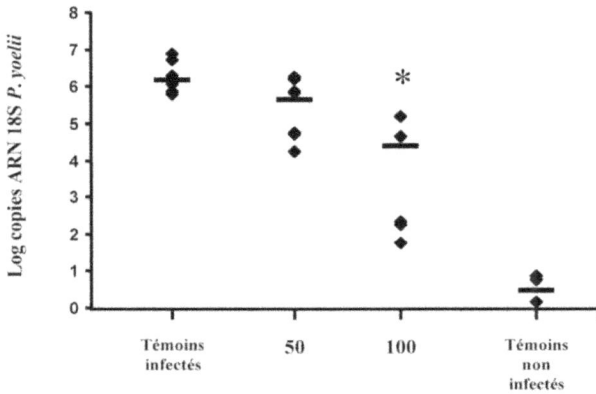

Figure 69: Quantification absolue de la charge parasitaire des foies de souris traitées oralement avec 50/ mg/jour et 100 mg/ Kg/ jour de tazopsine (J-1, J0 et J0+40 h), 42 h après l'inoculation de 120000 sporozoïtes *P. yoelii* (= J0). Le nombre de copies d'ARN parasitaire (ARNr 18 S) est normalisé à 10^6 copies d'ARN murin (ARN β-actine). Barres = charge parasitaire moyenne, * valeurs statistiquement différentes par rapport aux témoins ($P < 0,05$, test de Tukey)

V. Activité *in vitro* et *in vivo* du dérivé semi-synthétique NCP-tazopsine

1. Exploration du site actif de la tazopsine par dérivations chimiques

La cytotoxicité observée avec la tazopsine sur les hépatocytes humains nous a conduits à synthétiser des dérives de la tazopsine pouvant allier activité sur le stade hépatique de *Plasmodium* et diminution de la cytotoxicité.

Des dérivations chimiques ont été effectuées sur les fonctionnalités accessibles de la tazopsine : les hydroxyles 4, 6 et 7 (figures 70, 71) et sur l'amine secondaire (figures 72, 73). Ainsi l'alkylation de l'hydroxyle phénolique en 4 par le diazométhane (Pizey J.S., 1974) a fourni le composé 4-*O*-méthyl-tazopsine (**2**) (figure 70) avec un rendement de 37 % et le composé 4-*O*-méthyl-*N*-méthyl-tazopsine (**3**) avec un rendement de 27 %. Le groupe 6,7-diol de la tazopsine (**1**) a été protégé par le 2,2-diméthoxypropane en présence de *p*-toluènesulfonate de pyridinium (PPTS) (Kitamura M. *et al.*, 1984). L'acétonide (**4**) (figure 71) a été obtenu avec un rendement de 21 %. La réaction a conduit également à la formation inattendue du 10-*O*-méthyl-acétonide (**5**) (rendement de 7%). L'acétylation de l'amine secondaire de la tazopsine (**1**) par l'anhydride acétique a fourni la *N*-acétyl-tazopsine (**6**) (figure 72) avec un rendement de 46 %. L'alkylation de l'amine secondaire de la tazopsine (**1**) par condensation du formaldéhyde suivi d'une réduction par le borohydrure de sodium (NaBH₄) a fourni la *N*-méthyl- tazopsine (**7**) (figure 73) avec un rendement de 71%.

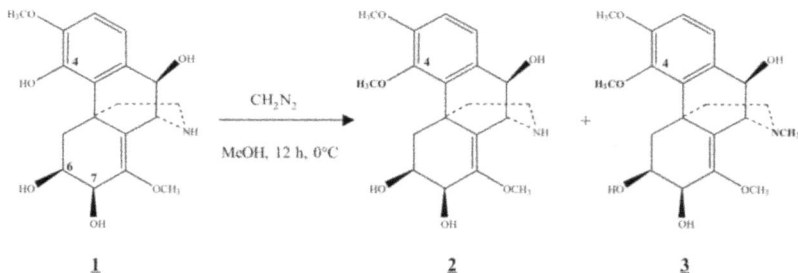

Figure 70: Alkylations de la tazopsine par le diazométhane

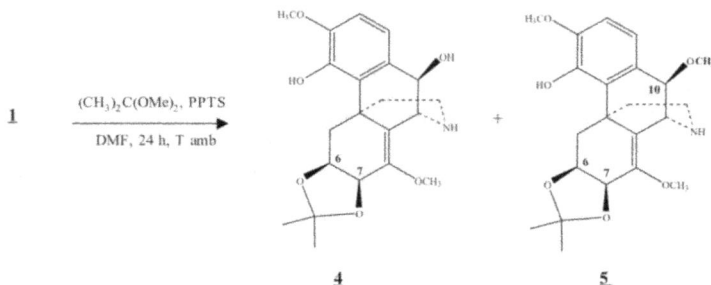

Figure 71: Alkylations de la tazopsine par le 2,2-diméthoxypropane

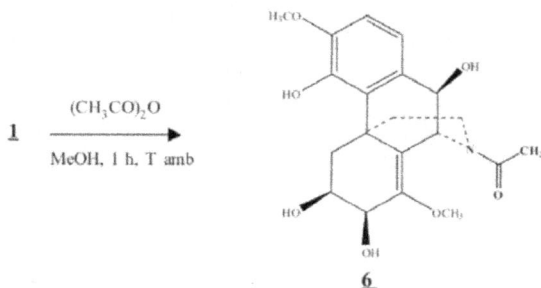

Figure 72: Acétylation de la tazopsine par l'anhydride acétique

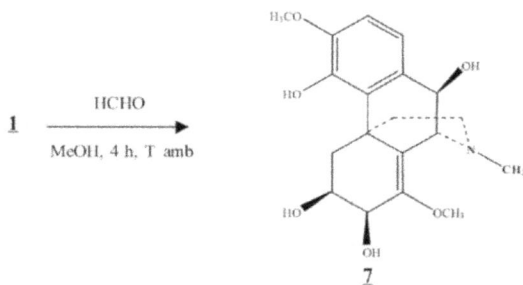

Figure 73: Alkylation réductrice de la tazopsine par le formaldéhyde

Les six dérivés obtenus ont été testés sur le développement de *Plasmodium yoelii* dans des primo-cultures d'hépatocytes de souris et comparés à l'activité de la tazopsine (**1**) de départ. En parallèle, la cytotoxicité de ces dérivés a été évaluée sur les lignées tumorales KB et HT-29. Les résultats de ce double criblage (tableau) montrent que les composés (**2**) et (**3**), portant un groupe 4-*O*-méthoxyle, ne sont pas actifs sur le stade hépatique de *P. yoelii* (IC$_{50}$ > 100 µM). De même, la protection du 6,7-diol en acétonides (**4**) et (**5**) ou l'acétylation de l'amine secondaire (**6**) engendrent une perte majeure de l'activité (CI$_{50}$ > 50 µM). Seul le composé *N*-méthylé (**7**) inhibe le développement de *P. yoelii in vitro* (CI$_{50}$ 5,8 ±0,4 µM) et la cytotoxicité de ce composé vis-à-vis des cellules KB est abaissée d'un facteur 15 par rapport à la tazopsine. Il en résulte pour la *N*-méthyl-tazopsine (**7**), un index de sélectivité 8,5 fois supérieur à celui de la tazopsine. De plus, le composé (**7**) est plus sélectif que la primaquine, molécule de référence du modèle. Enfin, la sinoacutine et la sinoménine étant *N*-méthylées, l'hypothèse suggérant que l'inactivité de ces molécules fût liée à l'alkylation de l'amine est à rejeter. Leur inactivité serait donc vraisemblablement due à leur fonctionnalité particulière au niveau du cycle (*C*). Cette hypothèse est en partie validée par l'absence d'activité des acétonides (**4**) et (**5**) qui suggère l'importance de la présence des groupes hydroxyles libres en 6 et en 7 pour la conservation de l'activité.

L'étude de SAR indiquant un gain de sélectivité du dérivé *N*-méthyl-tazopsine et une perte de l'activité lors des autres types de dérivation, une série de fonctionnalisations de l'amine secondaire de la tazopsine a été effectuée par amino-alkylation (figure 74). Différents réactifs carbonylés ont alors été employés (tableau 17) et pour la plupart, leur condensation sur l'amine secondaire de la tazopsine a été suivie d'une réduction par le cyanoborohydrure de sodium (Borch R.F. *et al.*, 1971).

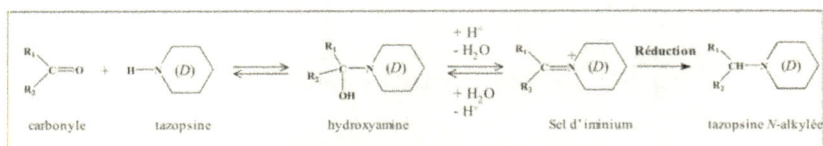

Figure 74: Amino-alkylation de la tazopsine

carbonyles	réducteurs	dérivés	rendements (%)
Formaldéhyde	NaBH$_4$	*N*-méthyl (**7**)	71
Propionaldéhyde	NaBH$_3$CN	*N*-propyl (**8**)	68
Cyclopentanone	NaBH$_3$CN	*N*-cyclopentyl (**9**)	81
4-hydroxybenzaldéhyde	NaBH$_3$CN	*N*-hydroxybenzyl (**10**)	45
Anisaldéhyde	NaBH$_4$	*N*-méthoxybenzyl (**11**)	38
4-bromobenzaldéhyde	NaBH$_3$CN	*N*-bromobenzyl (**12**)	61
4-chlorobenzaldéhyde	NaBH$_3$CN	*N*-chlorobenzyl (**13**)	71
Piperonaldéhyde	NaBH$_3$CN	*N*-méthylène-dioxybenzyl (**14**)	52

Tableau 17: Dérivés (7) – (14) obtenus par la *N*-alkylation de la tazopsine

| | Activité antipaludique $IC_{50}Py$ (µM) | Cytotoxicité | | Sélectivité |
		TC_{50} KB (µM)	TC_{50} HT-29 (µM)	TC_{50} KB / IC_{50} Py
Primaquine (référence)	*0,62 ±0,03*	*7,0 ±0,9*	*70,5 ±2,1*	*11,3*
Vinblastine (référence)	-	*0,023 ±0,007*	*0,009 ±0,001*	-
Tazopsine (1)	3,1 ±0,2	5,7 ±0,7	63,0 ±10,5	1,8
4-*O*-méthyl-tazopsine (2)	> 100	49,9 ±2,4	> 200	-
4-*O*-méthyl-*N*-méthyl-tazopsine (3)	> 100	44,3 ±4,2	> 200	-
Tazopsine acétonide (4)	> 50	41,5 ±8,5	> 200	-
10-*O*-méthyl-tazopsine acétonide (5)	> 50	61,5 ±7,5	> 200	-
***N*-acétyl-tazopsine (6)**	> 50	95,6 ±4,6	> 200	-
***N*-méthyl-tazopsine (7)**	5,8 ±0,4	89,0 ±2,4	> 200	15,3

Tableau 18: Activités des dérivés hémi-synthétiques (2) – (7) de la tazopsine (1) sur le développement hépatique de *P. yoelii* (*Py*) dans des primo-cultures d'hépatocytes de souris

L'évaluation de l'activité des dérivés *N*-alkylés (7) – (14) de la tazopsine sur le stade hépatique de *P. yoelii in vitro* (tableaux 18, 19), montre que sept dérivés parmi les huit synthétisés sont actifs (CI_{50} 3,5 à 24,2 µM). Les plus actifs sont les dérivés *N*-cyclopentyl-, *N*-méthyl-, *Np*- bromobenzyl- et *N*-*p*-chlorobenzyl-tazopsine (CI_{50} 3,5 à 5,8 µM). L'évaluation de leur effet sur la viabilité des cellules KB et HT-29 montre une nette diminution la cytotoxicité par rapport à la tazopsine: les dérivés *N*-cyclopentyl-, *N*-méthyl- et *N*-propyl-tazopsine sont les moins toxiques (TC_{50} 66,3 à 103,2 µM). Le dérivé *N*-cyclopentyl-tazopsine (8) est le plus sélectif (*IS* 18,9). La sélectivité du dérivé *N*-cyclopentyl-tazopsine (8) est supérieure à celle de la primaquine et est 10,5 fois supérieure à celle de la tazopsine.

$N - R =$	Activité antipaludique $IC_{50} Py$ (µM)	Cytotoxicité TC_{50} KB (µM)	TC_{50} HT-29 (µM)	Sélectivité TC_{50} KB / IC_{50} Py
Primaquine (référence)	*0,62 ±0,03*	*7,0 ±0,9*	*70,5 ±2,1*	*11,3*
Vinblastine (référence)	-	*0,023 ±0,007*	*0,009 ±0,001*	-
H (**1**)	3,1 ±0,2	5,7 ±0,7	63,0 ±10,5	**1,8**
CH₃ (**6**)	5,8 ±0,4	89,0 ±2,4	> 200	**15,3**
CH₂-CH₂-CH₃ (**7**)	12,6 ±1,7	103,2 ±13,8	> 200	**8,2**
HC (cyclopentyle) (**8**)	3,5 ±0,1	66,3 ±2,8	> 200	**18,9**
H₂C—⟨phényl⟩—OH (**9**)	14,2 ±2,2	22,7 ±3,9	107,6 ±3,2	**1,6**
H₂C—⟨phényl⟩—OCH₃ (**10**)	24,2 ±0,7	45,3 ±5,0	> 150	**1,9**
H₂C—⟨phényl⟩—Br (**11**)	4,2 ±0,3	30,6 ±5,9	> 150	**7,3**
H₂C—⟨phényl⟩—Cl (**12**)	5,8 ±1,1	49,3 ±7,2	> 150	**8,5**
H₂C—⟨benzodioxole⟩ (**13**)	> 40	81,9 ±2,8	> 165	-

Tableau 19: Activités des dérivés hémi-synthétiques (7) – (14) de la tazopsine (1) sur le développement hépatique de *P. yoelii* (*Py*) dans des primo-cultures d'hépatocytes de souris.

2. Activité *in vitro* de la NCP-tazopsine sur le stade hépatique de *Plasmodium*

Enfin, la cytotoxicité de la NCP-tazopsine sur les primo-cultures d'hépatocytes de souris (TC_{50} 369,6 ± 12,2 µM) est significativement réduite par rapport à celle de la tazopsine (index thérapeutique de 106). Une inhibition dose-dépendante du développement des parasites *P. falciparum* dans les hépatocytes humains est également obtenu (CI_{50} 43,5 ± 5,3 µM, TC_{50} 4094,8 ± 17,2 µM, index thérapeutique de 94) (figure 75).

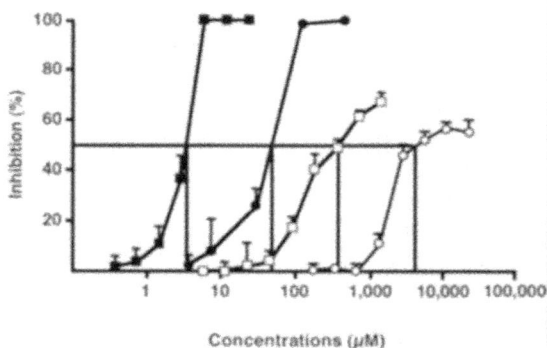

Figure 75: Inhibition dose-dépendante (nombre de parasites) de la NCP-tazopsine sur *P.yoelii* (■, nombre moyen de parasites : 152), *P. falciparum* (●, nombre moyen de parasites : 384). Toxicité mesurée par le rouge neuter sur les hepatocytes primaires de souris ( ) et humain (O)

Comme nous l'avons vu en introduction, plusieurs molécules ont été décrites pour leur activité *in vitro* et/ou *in vivo* sur le stade hépatique de *Plasmodium*. La molécule la plus souvent utilisée comme référence pour son activité sur le stade hépatique est la primaquine : d'une part parce qu'elle est historiquement la première molécule à avoir été identifiée comme active à ce stade et d'autres part pour son efficacité unique sur les hypnozoïtes de *P. vivax*. Il est donc intéressant de comparer les profils d'activité et de toxicité de la primaquine *in vitro*, à ceux de la tazopsine et de son dérivé *N*-cyclopentyl- tazopsine. La CI_{50} de la primaquine dans les cultures de *P. yoelii* est de 0,62 µM, elle est 5 fois plus faible que pour la tazopsine et la NCP-tazopsine (tableau 20). Le même résultat est obtenu dans les cultures primaires d'hépatocytes humains infectés par *P. falciparum* sur lesquelles la primaquine (CI_{50} 0,88 µM) est environ 5 fois plus active que la tazopsine.

	IC_{50} *Py* (µM)	TC_{50} Hep. Souris (µM)	IS Hep. souris	IC_{50} *Pf* (µM)	TC_{50} Hep. Humains (µM)	IS Hep. humain
Primaquine	0,62 ±0,03	75,3 ±6,2	**121,5**	0,88 ±0,2	109,8 ±9,7	**124,8**
Tazopsine	3,1 ±0,2	71,2 ±3,2	**23**	4,3 ±0,3	30 ±5,7	7
NCP-Tazopsine	3,5 ±0,1	369,6 ±12,2	**105,6**	43,5 ±5,3	4094,8 ±17,2	**94,1**

Tableau 20: Comparaison de la sélectivité de la tazopsine, de la NCP-tazopsine et de la primaquine *in vitro* sur le développement de *Plasmodium yoelii* (*Py*) et de *Plasmodium falciparum* (*Pf*)

Cependant, nous avons pu constater sur le modèle de *P. yoelii* qu'aux concentrations où la tazopsine et la NCP-tazopsine inhibent totalement le développement des parasites (> 7,1 µM), la primaquine n'inhibe qu'à 80% le nombre de schizontes se développant dans ces cultures. Ainsi, l'effet inhibiteur de la tazopsine est plus complet que celui de la primaquine sur *P. yoelii in vitro*. Sur *P. falciparum*, un effet

111

légèrement plus « lent » est également observé pour la primaquine par rapport à la tazopsine, mais l'élimination totale des parasites se fait à des concentrations similaires pour les deux molécules. La primaquine quant à elle inhibe d'abord le nombre de parasites avant d'avoir un effet sur la taille (l'effet de la primaquine sur la taille n'est significatif qu'à 1,25 µM, concentration qui fait diminuer de plus de 60 % le nombre de parasites). En parallèle, nous avons pu observer que la taille des schizontes de *P. yoelii* ne variait pas pour des concentrations allant de 5 à 80 µM de primaquine. Ces résultats suggèrent un mécanisme d'action différent pour la primaquine et les morphinanes tazopsine et NCPtazopsine.

L'évaluation de la cytotoxicité de la primaquine et de la tazopsine sur les cultures d'hépatocytes de souris montre que les deux molécules affectent la viabilité cellulaire à des concentrations identiques (TC_{50} respectivement à 75,3 et 71,2 µM) (tableau 20). Bien que les effets d'une molécule soient très variables d'un modèle cellulaire à un autre (y compris entre les hépatocytes murins et humains), l'écart de sélectivité entre les trois molécules ne varie pas pour les 2 modèles *in vitro* étudiés : la tazopsine est la moins sélective et la primaquine et la NCP-tazopsine ont des sélectivités proches.

3. Activité *in vivo* de la NCP-tazopsine chez la souris

La NCP-tazopsine diluée dans de l'eau stérile avec 10 % de Tween 80 et donnée aux souris par gavage ne donne aucun signe de toxicité lorsque administrée à une dose de 400 mg/Kg/ jour pendant 4 jours. Ceci confirme la diminution de toxicité obtenue avec le dérivé NCP-tazopsine par rapport à la tazopsine puisqu'à la dose de 200 mg/ Kg/ jour (4 doses) de NCP-tazopsine, létale dans le cas de la tazopsine, 100 % des souris survivent au traitement.

De plus, l'administration de la NCP-tazopsine à la dose de 200 mg/Kg (4 doses) pendant le développement pré-érythrocytaire des parasites (J-1 à J0+ 40 h) protège totalement les souris contre l'infection par des sporozoïtes de *P. yoelii* et ceci au-delà de 21 jours après l'infection. Administrée à la dose de 100 mg/Kg (4 doses), l'effet est similaire à celui de la tazopsine : 60% des souris sont protégées contre l'infection. Nous en concluons une bonne corrélation entre les résultats *in vivo* et les résultats *in vitro*.

L'administration de la NCP-tazopsine à une dose de 100 mg/Kg et réduite à deux jours (J0 + J+1), ne suffit pas à protéger les souris : seul un retard dans l'apparition de la parasitémie est observé (tableau 21). De même, l'administration de la NCP-tazopsine à la dose de 200 mg/Kg pendant ces deux jours (J0 et J+1) ne protège les souris qu'à 40%. La fréquence du traitement par la NCP-tazopsine semble importante puisqu'un traitement de 4 jours à la dose de 100 mg/Kg protège plus efficacement les souris qu'un traitement de 2 jours à la dose de 200 mg/Kg (tableau 21).

	Nombre de souris négatives							Taux de Protection à J21	Jour moyen d'apparition de la parasitémie
	J3	J4	J5	J6	J7	J8	J9		
Témoins (n = 5)	5	2	1	0	0	0	0	0 %	4,6
NCP-tazopsine 200 mg/Kg, 4 doses (n = 8)	8	8	8	8	8	8	8	100 %	-
Témoins (n = 5)	0	0	0	0	0	0	0	0 %	3
NCP-tazopsine 200 mg/Kg, 2 doses (n = 5)	5	4	3	3	2	2	2	40 %	5,3
NCP-tazopsine 100 mg/Kg, 4 doses (n = 5)	5	5	3	3	3	3	3	60 %	5
NCP-tazopsine 100 mg/Kg, 2 doses (n = 5)	5	2	1	0	0	0	0	0 %	4,6

Tableau 21: Nombre de souris ne développant pas de parasitémie après un traitement oral avec 100 mg/ Kg/ jour et 200 mg/ Kg/ jour de NCP-tazopsine (à J-1, J0, J1 et J0+40 h = 4 doses ou à J0 et J1 = 2 doses) et une infection (J0) par 10000 sporozoites *P. yoelii*

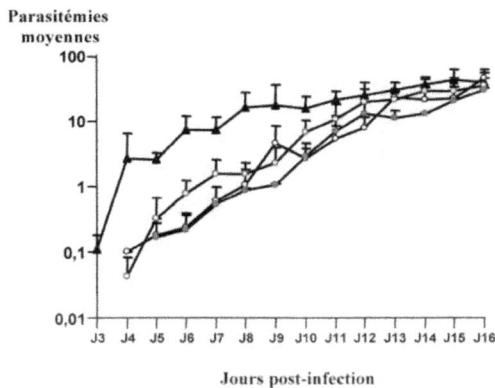

Figure 76: Parasitémies moyennes des souris traitées oralement par la NCP-tazopsine (n = 5) et infectées (J0) par 10000 sporozoites *P. yoelii*. (▲) Témoin, (◒) 200 mg/ Kg/ jour NCP-tazopsine à J0 et J1, (○) 100 mg/ Kg/ jour NCP-tazopsine à J0 et J1, (●) 100 mg/ Kg/ jour NCP-tazopsine à J-1, J0, J1 et J0+40 h

La quantification de la charge parasitaire des foies de souris infectées par *P. yoelii* (120000 sporozoïtes injectés par voie rétro-orbitale) et traitées à la dose de 200 mg/ Kg/ jour (4 doses) de NCP-tazopsine, montre une inhibition totale de 99,98%

$(1,27 \times 10^3$ copies d'ARN ribosomal 18S pour 10^6 copies d'ARN β-actine de souris) par rapport aux souris témoins non traitées $(5,3 \times 10^6$ copies ARNr 18S) et de 98,58% à la dose de 100 mg/ Kg/ jour (4 doses) (figure 77).

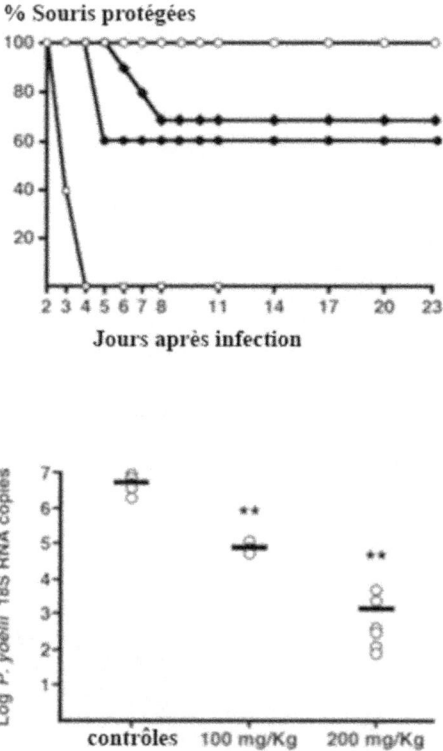

Figure 77: Pourcentage de souris protégées contre une infection par *P. yoelii* après traitement avec la tazopsine (●, 100 mg/Kg), la NCP-tazopsine (■, 100 mg/Kg, or ○, 200 mg/Kg), ou du Tween 10% dans de l'eau (□, groupe contrôle). Réduction dose-dépendante de la charge parasitaire des foies de souris. Les barres représentent la moyenne, la relevance est calculée par analyse one-way ANOVA (P = 0.0012), couplée au test Tukey HSD: **, P <0.01

4. Spécificité *in vivo* sur le stade hépatique de *Plasmodium*

Les expériences précédentes de quantification par Q-PCR de la charge parasitaire dans les foies de souris démontrent l'effet inhibiteur de la NCP-tazopsine sur le développement hépatique de *P. yoelii*. Cependant, un effet résiduel de la NCP-tazopsine sur les formes sanguines de *P. yoelii* ne peut être exclu. Deux types de tests nous ont permis de voir que la protection totale des souris observée après leur traitement par la NCP-tazopsine pendant le stade pré-érythrocytaire à 200 mg/Kg/jour

(4 doses) était due spécifiquement à un effet sur le stade hépatique de *P. yoelii*. Nous avons regardé dans un premier temps si l'administration consécutive de 4 doses de NCP-tazopsine pendant le stade pré-érythrocytaire pouvait avoir un effet résiduel sur les mérozoïtes de *P. yoelii* émergeant des foies de souris infectées. Ainsi, 3 heures après un traitement de 4 jours de NCP-tazopsine à 200 mg/Kg/jour, les souris ont été infectées par 10^6 globules rouges parasités par *P. yoelii*. Les parasitémies des souris traitées étant similaires à celles des souris témoins (parasitémies élevées deux jours après l'infection et multiplication exponentielle des parasites les jours suivants) (figure 78), nous en avons conclu que la protection des souris observée précédemment contre l'infection par des sporozoïtes de *P. yoelii* n'était pas due à un effet résiduel de la NCP-tazopsine sur les formes sanguines de *P. yoelii* émergeantes du foie.

Le deuxième test a consisté à traiter des souris à la dose de 200 mg/Kg de NCP-tazopsine et de les co-infecter avec 10^6 globules rouges parasités par *P. yoelii*. Le traitement étant ensuite poursuivi pendant 4 jours, ce test permet de voir si la NCP-tazopsine a un effet sur l'ensemble du développement érythrocytaire de *P. yoelii*. Nous n'avons observé aucune différence entre les parasitémies des souris traitées et celles des souris témoins n'a été observée (figure 78). Ainsi, ces dernières évaluations nous ont permis de conclure que la NCP-tazopsine agit spécifiquement sur le stade hépatique de *P. yoelii*. Cette spécificité a de plus été confirmée *in vitro* sur *P. falciparum* (Desjardins R.E. *et al.*, 1979 ; Trager W., Jensen J.B., 1976) puisque la NCP-tazopsine n'a aucun effet sur le développement érythrocytaire de *P. falciparum* (clones 3D7 et FCR3, $CI_{50} > 600$ μM), contrairement à l'inhibition observée sur le développement de *P. falciparum* dans les cultures primaires d'hépatocytes humains (CI_{50} 43,5 μM).

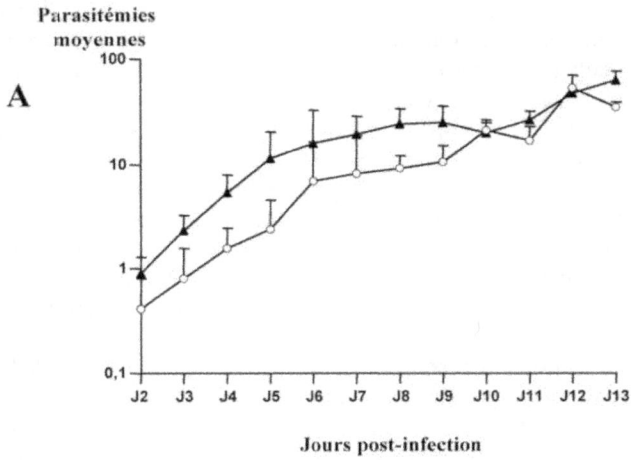

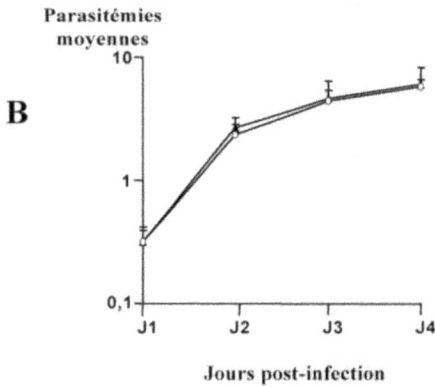

Figure 78: Effet de la NCP-tazopsine sur le stade érythrocytaire de *P. yoelii* chez la souris. A, Parasitémies moyennes des souris (▲ témoins, ○ NCP-tazopsine 200 mg/ Kg/ jour à J-3, J-2, J-1 et J0) infectées (J0+ 3 h) par 106 GRP *P. yoelii*. B, Parasitémies moyennes des souris (▲ témoins, ○ NCP-tazopsine 200 mg/ Kg/ jour à J0, J1, J2 et J3) infectées (J0 + 3 h) par 106 GRP *P. yoelii*

CONCLUSIONS ET PERSPECTIVES

Nos travaux reposent sur la sélection d'une plante, *Strychnopsis thouarsii*, utilisée empiriquement à Madagascar contre le paludisme et la validation de son efficacité contre le développement hépatique de *Plasmodium*.

La mise en évidence de l'activité de la préparation traditionnelle en décoction de cette plante sur le stade hépatique de *Plasmodium yoelii in vitro*, nous a conduit à purifier les composés actifs : la tazopsine, l'épi-tazopsine et la sinococuline, constituant une nouvelle classe d'alcaloïdes antipaludiques. En effet, aucun alcaloïde de type morphinane n'a été décrit auparavant pour une activité antipaludique, *in vitro* ou *in vivo*, sur un quelconque stade de développement de *Plasmodium*. De plus, les morphinanes que nous décrivons ne présentent pas à priori d'analogie structurale avec des médicaments antipaludiques existants et constitue un argument en faveur d'une nouvelle cible pour laquelle les parasites n'ont pas encore sélectionné de résistance.

L'identification de molécules capables d'inhiber totalement le stade hépatique de *Plasmodium* fait partie des stratégies clés de prévention du paludisme. En effet, en empêchant la mise en place du cycle érythrocytaire, ces molécules préviennent toute manifestation clinique de la maladie. Peu de molécules sont connues pour être efficaces à ce stade. La primaquine, développée pour agir spécifiquement sur le stade hépatique, est d'utilisation restreinte par sa demi-vie très courte et par les risques d'hémolyse qu'elle génère chez les patients déficients pour la G6PD. Ce problème est également rencontré pour les nouveaux dérivés synthétiques de la primaquine, la tafénoquine et la bulaquine, actuellement en essais cliniques. Le proguanil et l'atovaquone utilisés en combinaison (Malarone®) contre le développement érythrocytaire de *Plasmodium* sont également actifs sur le stade hépatique, mais leur coût limitent leur utilisation en prophylaxie. De plus, la prévalence des parasites résistant à l'atovaquone ne permet pas son emploi extensif.

Le manque de médicaments ciblant la phase pré-érythrocytaire de *Plasmodium*, s'explique aussi par la difficulté des tests permettant leur évaluation. La principale condition requise est la disponibilité de sporozoïtes infectieux. Par ailleurs, l'activité des molécules établie dans le modèle murin, doit être validée dans le modèle humain, notamment sur l'espèce *P. falciparum*, la plus virulente pour l'homme. Or, jusqu'à présent, seules les cultures primaires d'hépatocytes humains permettent le développement intra-hépatique des schizontes de *P. falciparum* de manière reproductible et à fort taux d'infection.

L'obtention de biopsies de foie humain est donc une condition indispensable à l'évaluation de l'activité des médicaments sur ce modèle. De plus, la manipulation de moustiques infectés par *P. falciparum* nécessite de nombreuses précautions et on comprend aisément les difficultés rencontrées pour la réalisation de ce type de test.

Un autre facteur qui limite le développement de molécules actives sur le stade hépatique de *Plasmodium* est leurs conditions d'applications cliniques. En effet, les contraintes liées à la prise régulière de médicaments prophylactiques sont peu favorables à leur utilisation concrète par les populations vivant en zones endémiques. Celle-ci ne serait effective que si le médicament peut être obtenu à très faible coût, qu'il ne présente aucune toxicité chronique après de multiples administrations ou qu'il posséde une demi-vie d'élimination suffisamment longue pour limiter au maximum le nombre de prises.

Plus vraisemblablement, le développement d'un médicament prophylactique, actif sur le stade hépatique de *Plasmodium* s'adresserait plutôt à des populations faiblement exposées comme des habitants vivant en zones endémiques à transmission saisonnière ou en zones de réermergence, les femmes enceintes, ou encore les voyageurs et militaires transitant dans ces zones.

La tazopsine extraite de *Strychnopsis thouarsii* présente plusieurs critères conformes à ce que l'on peut attendre d'un « lead compound» antipaludique (Pink R. *et al.*, 2005). Elle prévient efficacement et sélectivement le développement hépatique de *P. falciparum*, *P. yoelii* et *P. berghei* en culture. C'est une molécule totalement hydrosoluble, qui administrée oralement, protège significativement (70%) les souris contre une infection par les sporozoïtes de *P. yoelii*. Ses rendements d'extraction sont élevés et deux étapes de fractionnement suffisent à la purifier. De plus, elle peut être facilement fonctionnalisée.

Des études de relations structure-activité sur la tazopsine nous ont rapidement permis d'optimiser sa sélectivité *in vitro* et *in vivo*. Ainsi, le dérivé NCP-tazopsine, obtenu par une amino-alkylation de la tazopsine protège à 100 % les souris contre une infection par des sporozoïtes de *P. yoelii*. De plus, nous avons pu montrer que la protection des souris traitées oralement par la NCP-tazopsine était exclusivement due à une inhibition du développement du parasite dans le foie et cette spécificité a d'importantes implications pour le développement clinique éventuel de cette molécule.

Une des conséquences de la spécificité d'action de la NCP-tazopsine sur les formes intra-hépatiques du parasite est la diminution de sélection des parasites résistants. En effet, contrairement au stade érythrocytaire lors duquel les parasites se multiplient de manière cyclique et exponentielle, conduisant à une charge parasitaire élevée et persistante pendant plusieurs mois, la multiplication des parasites dans le foie est courte (7 jours pour *P. falciparum*) et transitoire. Le temps de contact des parasites intra-hépatiques avec une molécule agissant spécifiquement à ce stade est donc réduit, ce qui diminue considérablement la probabilité de sélectionner des résistances. Ces résultats prometteurs devront cependant être étayés d'une part par des études toxicologiques complètes et d'autre part par la détermination de la pharmacocinétique de ces molécules.

Bien que les souris traitées par la NCP-tazopsine ne présentent aucun signe clinique de toxicité, nous envisageons une étude des éventuels effets délétères du traitement sur les foies de souris par des observations histopathologiques et par un contrôle enzymatique des marqueurs classiques de toxicité hépatique (transaminases, alanine aminotransférases…).

Cette étude toxicologique sera par la suite étendue à d'autres organes (cerveau, reins…). Le dosage par HPLC (High Performance Liquid Chromatography) de la tazopsine et de la NCP-tazopsine dans les sérums des souris à différents temps après leur traitement renseigneront quant à eux sur la pharmacocinétique de ces produits. Une stratégie complémentaire consistera à traiter les souris par la tazopsine ou la NCP-tazopsine à différentes doses thérapeutiques et d'effectuer des cinétiques d'infections par des sporozoïtes de *P. yoelii*. Ceci nous permettra de déterminer indirectement le temps d'élimination de ces molécules et de voir si elles sont adaptées pour une application antipaludique de prophylaxie.

Une fois leurs pharmacocinétiques établies chez la souris, nous pourrons évaluer l'activité antipaludique de la tazopsine et de la NCP-tazopsine sur le stade hépatique de *Plasmodium* de singes. Cette étude peut être effectuée grâce à différents modèles : sur des espèces de *Plasmodium* spécifiques aux singes (*P. fragile*, *P. knowlesi*, *P. inui*…) (Coatney G.R. *et al.*, 1971) ou sur des espèces de *Plasmodium* humaines pouvant induire une infection chez les singes. Par exemple, certaines espèces de singes sont permissives à *P. falciparum* (Zapata J.C. *et al.*, 2002). Grâce à ce modèle, nous pourrons ainsi confirmer *in vivo*, les activités *in vitro* de la tazopsine et de la NCP-tazopsine établies pour le moment dans le modèle *P. falciparum*/hépatocytes humains.

Une autre perspective majeure est d'évaluer l'efficacité de la tazopsine et de la NCPtazopsine comme agents anti-rechutes. En effet, à ce jour, seules quelques molécules de la classe des 8-amino-quinoléines (primaquine, tafénoquine, bulaquine) sont connues pour prévenir les accès de réviviscence dus à la présence des hypnozoïtes lors d'infections par *P.vivax* et *P. ovale* chez l'homme. Nous avons déjà évoqué les problèmes de toxicité qui limitent l'utilisation massive de ces molécules en clinique. L'identification de nouveaux agents anti-rechutes constitue donc l'un des principaux challenges dans la lutte antipaludique.

Quelques espèces de *Plasmodium* (*P. cynomolgi*, *P. simiovale*) infectant les maccaques (Krotoski W.A. *et al.*, 1982; Krotoski W.A. *et al.*, 1982; Cogswell F.B. *et al.*, 1991) sont connus pour induire des accès de réviviscence, similaires à ceux observés lors d'infections par *P. vivax* et *P. ovale* chez l'homme. De même, il a été montré que certaines espèces de singes sont permissives à *P. vivax* (Jordan-Villegas A. *et al.*, 2005). Grâce à l'un de ces modèles, nous pourrons tester l'efficacité de la tazopsine et de la NCP-tazopsine, comme agents antirechutes.

D'un point de vue fondamental, l'inhibition spécifique de la NCP-tazopsine sur le stade hépatique de *Plasmodium* fournit un support intéressant pour la recherche des mécanismes cellulaires impliqués spécifiquement à ce stade. Le mécanisme d'action de la tazopsine et de la NCP-tazopsine n'a pas encore été élucidé et à ce stade de la recherche nous ne savons pas encore si ces molécules ciblent le parasite intra-hépatique ou l'hépatocyte luimême. L'absence d'inhibition de la tazopsine sur le développement du toxoplasme et des microsporidies dans les hépatocytes de souris, sont en faveur d'une spécificité d'action de la tazopsine sur le développement de *P. yoelii* dans les hépatocytes. Ces résultats devront cependant être vérifiés pour la NCP-tazopsine et complétés par l'évaluation de l'effet de ces molécules sur d'autres familles de parasites pouvant se développer dans les hépatocytes.

Il n'est pas exclu que la tazopsine et la NCP-tazopsine ciblent une protéine de l'hépatocyte, nécessaire au développement de *Plasmodium*. De ce fait, une étude comparative des profils transcriptionnels d'hépatocytes sains cultivés en présence ou non de tazopsine et de NCP-tazopsine est envisagée. Les expériences montrant que la tazopsine n'inhibent pas l'invasion des sporozoïtes dans les hépatocytes, écartent à priori l'implication des seules cibles hépatiques connues : les héparanes sulphates protéoglycanes impliqués dans l'internalisation des sporozoites (Frevert U., 1993) et la protéine CD81 impliquée dans l'invasion des sporozoïtes de *P. yoelii* dans les hépatocytes de souris (Silvie O. *et al.*, 2003).

En effet, l'effet inhibiteur de la tazopsine sur le développement de *P. berghei* dans des cultures HepG2 exprimant peu le CD81, sont en défaveur d'une inhibition de la tazopsine par la voie CD81. Cette hypothèse sera vérifiée en comparant les taux d'inhibition de la tazopsine sur l'infection de *P. yoelii* (CD81 dépendant) dans des cultures HepG2 et dans des cultures HepG2 transfectées par le CD81.

Dans le cas où la tazopsine et la NCP-tazopsine cibleraient directement le *Plasmodium*, il découlera de l'identification de cette cible de nombreuses perspectives de recherche. Les protéines parasitaires impliquées dans le développement hépatique de *Plasmodium* sont peu connues, leur identification et l'établissement de leur structure tridimensionnelle fournit des perspectives intéressantes pour l'élaboration de vaccins antipaludiques ou le criblage *in silico* de diverses chimiothèques. Cependant, l'identification d'une cible parasitaire exo-érythrocytaire semble difficile d'autant plus que la tazopsine ne semble pas avoir d'effet sur *Plasmodium yoelii* au stade sporozoïte. On connaît la difficulté d'isoler un nombre suffisant de schizontes hépatiques en culture (Sacci J.B., Azad A.F., 2002; Semblat J.P. *et al.*, 2002) et la recherche d'une cible parasitaire par transcriptome reste très spéculative. En revanche, la recherche d'une cible protéique parasitaire est possible. Une idée consisterait à greffer sur la tazopsine ou son dérivé, un groupement chimique reconnu par une phase d'affinité. Dans le cas où la tazopsine greffée conserve son activité sur le développement de *Plasmodium* dans les cultures hépatocytaires, le fractionnement sur la phase d'affinité d'extraits protéiques issus de ces cultures, permettrait de purifier la tazopsine greffée en présence de sa cible. Une autre perspective est d'étendre l'étude de relations structure-activité sur la tazopsine, en vue d'identifier d'autres analogues encore plus sélectifs. Pour cela, plusieurs stratégies sont envisagées. La première consisterait à étendre le criblage sur le stade hépatique de *Plasmodium* d'autres extraits de plantes connus pour contenir des morphinanes analogues à la tazopsine. On pense notamment aux Ménispermaceae *Cocculus trilobus* (Itokawa H., 1995), *Stephania cepharantha* (Deng J.Z., 1992; Kashiwaba N., 1996; Kashiwaba N., 1997), *Stephania tetrandra* (Ogino T. *et al.*, 1998) à partir desquelles ont été extraits des analogues de la sinococuline et de la tazopsine. Une autre stratégie consiste à produire d'autres dérivés hémi-synthétiques de la tazopsine, soit à partir de la tazopsine elle-même (d'autres fonctionnalités de la molécule peuvent être modifiées et la teneur de la tazopsine dans la décoction le permet) soit à partir de la sinoménine commerciale, déjà utilisée comme précurseur pour l'hémi-synthèse de la sinococuline (Hitotsuyanagi Y. *et al.*, 1995).

Pour conclure, ce travail participe à valoriser la flore de Madagascar qui est l'une des plus riche au monde. Elle compte plus de 12 000 espèces parmi lesquelles 80% sont endémiques. Près de 5000 espèces ont une utilisation ethnopharmacologique et seulement 1% de cette flore a fait l'objet d'études chimiques. Il devient urgent de prendre conscience que la pharmacopée malgache représente un immense réservoir de molécules originales, menacé notamment par la déforestation due à la pratique du « Tavy » (culture sur brûlis). Afin de protéger ce potentiel, il est important de mieux définir les propriétés médicinales des plantes de Madagascar et de valoriser ainsi la forêt.

Ce travail de valorisation commence par la reconnaissance du savoir traditionnel des populations autochtones. Pour mener à bien ces études, il faut parfois adapter nos méthodes classiques de travail. Ces résultats montrent en effet que l'identification des composés facilement isolables dans les extraits organiques n'est pas toujours suffisante et qu'il faut aussi prendre en considération l'utilisation traditionnelle de la plante par la population, dans notre cas sous forme d'extraits aqueux.

Le choix du mode d'extraction et de purification est crucial pour la recherche de l'activité à partir d'extraits de plantes. Ceci peut expliquer que certains projets de recherche sur des extraits n'aient pas abouti à l'identification de molécules actives. Notre travail montre aussi que l'évaluation de l'activité des extraits doit être envisagée simultanément sur les stades sanguin et hépatique du parasite. De nombreuses molécules extraites de plantes utilisées empiriquement contre le paludisme, ont été délaissées à cause de leur absence d'activité sur le stade sanguin.

Au-delà du résultat de l'activité de la NCP-tazopsine, c'est la démarche ethnobotanique qui est à mettre en avant. Ce premier tri à la source permet de privilégier des plantes qui possèdent des activités curatives déjà connues dans les zones où sévissent les maladies infectieuses. C'est en combinant le regard plus empirique de ces populations au notre plus académique que nous pourrons trouver plus efficacement de nouveaux médicaments. Cette démarche impliquant un échange de savoir entre les populations locales et les chercheurs devrait nous permettre de mieux comprendre la richesse de la médecine traditionnelle, de la valoriser et à terme d'accélérer la recherche dans le domaine du paludisme pour un intérêt partagé.

BIBLIOGRAPHIE

Agrawal, P.K. (1992) NMR spectroscopy in the structural elucidation of oligosaccharides and glycosides. *Phytochemistry* 31: 3307-3330.

Andersen, S.L., Ager, A., Greevy, P.M., Schuster, B.G., Wesche, D., Kuschner, R., Ohrt, C., Ellis, W., Rossan, R.et Berman, J. (1995) Activity of azithromycin as a blood schizonticide against rodent and human Plasmodia *in vivo*. *Am J Trop Med Hyg.* 52: 159-161.

Arnold, J., Alvinig, A.S.et Clayman, C.B. (1961) Induced primaquine resistance in vivax malaria. *Trans R Soc Trop Med Hyg.* 55: 345-350.

Arnold, J., Alving, A.S., Hockwald, R.S., Clayman, C.B., Dern, R.J., Beutler, E., Flanagan C.L.et Jeffery G.M. (1955) The antimalarial action of primaquine against the blood and tissue stages of falciparum malaria (Panama, P-F-6 strain). *J Lab Clin Med.* 46: 391-397.

Asawamahasakda, W., Ittarat, I., Pu, Y.M., Ziffer, H.et Meshnick, S.R. (1994) Reaction of antimalarial endoperoxides with specific parasite proteins. *AAC* 38: 1854-1858.

Baillon, H. (1882-1894) Liste de plantes de Madagascar. *Bulletin Mensuel de la Société Linnéenne de Paris* 1: 330-1199.

Baird, J.K. (2005) Effectiveness of antimalarial drugs. *N Engl J Med.* 352: 1565-1577.

Ball, E.G., Anfinsen, C.B.et Cooper, O. (1947) The inhibitory action of naphtoquinones on respiratory processes. *J Biol Chem.* 169: 257-270.

Barbosa-Filho, J.M., Da-Cunha, E.V.L., Cornelio, M.L., da Silva Dias, C.et Gray, A.I. (1997) Cissaglaberrimine, an aporphine alkaloid from *Cissampelos glaberrima*. *Phytochemistry* 44: 959-961.

Batty, K.T., Thu, L.T., Davies, T.M., Ilett, K.F., Mai, T.X., Hung, N.C., Tien, N.P., Powell, S.M., Thien, H.V., Binh, T.Q.et Kim, N.V. (1998) A pharmacokinetic and pharmacodynamic study of intravenous vs oral artesunate in uncomplicated *falciparum* malaria. *Br J Clin Pharmacol.* 45: 123-129.

Bejon, P., Andrews, L., Andersen, R.F., Dunachie, S., Webster, D., Walther, M., Gilbert, S.C., Peto, T.et Hill, A.V.S. (2005) Calculation of liver-to-blood inocula, parasite growth rates, and preerythrocytic vaccine efficacy, from serial quantitative polymerase chain reaction studies of volunteers challenged with malaria sporozoites. *J Infect Dis.* 191: 619-626.

Benoit-Vical, F. (2005) Ethnomedicine in malaria treatment. *IDrugs* 8: 1-8.

Bertani, S., Bourdy, G., Landau, I., Robinson, J.C., Esterre, P.et Deharo, E. (2005) Evaluation of French Guiana traditional antimalarial remedies. *J Ethnopharmacol.* 98: 45-54.

Beyermann, M., Henklein, P., Klose, A., Sohr, R.et Bienert, M. (1991) Effect of tertiary amine on the carbodiimide-mediated peptide synthesis. *Int J Pept Protein Res.* 37: 252-256.

Bonday, Z.Q., Taketani, S., Gupta, P.D.et Padmanaban, G. (1997) Heme biosynthesis by the malarial parasite. Import of delta-aminolevulinate dehydrase from the host red cell. *J Biol Chem.* 272: 839-846.

Borch, R.F., Bernstein, M.D.et Dupont Durst, H. (1971) The cyanohydridoborate anion as a selective reducing agent. *J Am Chem Soc.* 93: 2897-2904.

Boulard, Y., Landau, I., Miltgen, F., Ellis, D.S.et Peters, W. (1983) The chemotherapy of rodent malaria, XXXIV. Causal prophylaxis Part III: Ultrastructural changes induced in exo-erythrocytic schizonts of *Plasmodium yoelii yoelii* by primaquine. *Ann Trop Med Parasitol.* 77: 555-568.

Brossi, A., Millet, P., Landau, I., Bembenek, M.E.et Abell, C.W. (1987) Antimalarial activity and inhibition of monoamine oxidases A and B by exo-erythrocytic antimalarials. Optical isomers of primaquine, *N*-acylated congeners, primaquine metabolites and 5-phenoxy-substituted analogues. *FEBS Lett.* 214: 291-294.

Brossi, A., Gessner, W., Hufford, C.D., Baker, J.K., Homo, F., Millet, P.et Landau, I. (1987) Photooxidation products of primaquine. *FEBS Lett.* 223: 77-81.

Brueckner, R.P., Lasseter, K.C., Lin, E.T.et Schuster, B.G. (1998) First-time-in-humans safety and pharmacokinetics of WR 238605, a new antimalarial. *Am J Trop Med Hyg.* 58: 645-649.

Carraz, M., Jossang, A., Rasoanaivo, P., Mazier, D.et Frappier, F. (2008) Isolation and antimalarial activity of new morphinan alkaloids on Plasmodium yoelii liver stage. *Bioorg Med Chem.* 16: 6186-6192.

Carraz, M., Jossang, A., Franetich, J.F., Siau, A., Ciceron, L., Hannoun, L., Sauerwein, R., Frappier, F., Rasoanaivo, P., Snounou, G., Mazier, D. (2006) A plant-derived morphinan as a novel lead compound active against malaria liver stages. *PLoS Med.* 3: 513-517.

Certad, G., Abrahem A.et Georges E. (1999) Cloning and partial characterisation of the proteasome S4 ATPase from *Plasmodium falciparum. Exp Parasitol.* 93: 123-131.

Chen, B., Feng, C., Li, B.G.et Zhang, G.L. (2003) Two new alkaloids from *Miliusa Cuneata. Nat Prod Res.* 17: 397-402.

Chiodini, P.L., Conlon, C.P., Hutchinson, D.B., Farquhar, J.A., Hall, A.P.et Peto, T.E. (1995) Evaluation of atovaquone in the treatment of patients with uncomplicated *Plasmodium falciparum* malaria. *AAC* 36: 1073-1078.

Chopra, I.et Roberts, M. (2001) Tetracycline antibiotics: mode of action, applications, molecular biology, and epidemiology of bacterial resistance. *Microbiol Mol Biol Rev.* 65: 232-260.

Cogswell, F.B., Collins, W.E., W.A., K.et Lowrie, R.C. (1991) Hypnozoites of *Plasmodium simiovale. Am J Trop Med Hyg.* 45: 211-213.

Corey, E.J.et Reichard, G.A. (1992) Total synthesis of lactacystin. *J Am Chem Soc.* 114: 10677-10678.

Coste, J., Frérot, E.et Jouin, P. (1994) Coupling *N*-methylated amino acids using PyBroP and PyCloP halogenophosphonium salts: mechanism and fields of application. *J Org Chem.* 59: 2437-2446.

Coux, O., Tanaka, K.et Goldberg, A.L. (1996) Structure and functions of the 20S and 26S proteasomes. *Annu Rev Biochem.* 65: 801-847.

Craiu, A., Gaczynska, M., Akopian, T., Gramm, F., Fenteany, G., Goldberg, A.L.et Rock, K.L. (1997) Lactacystin and clasto-lactacystin ß lactone modify multiple proteasome ß-subunits and inhibit intracellular protein degradation and major histocompatability complex class I antigen presentation. *J Biol Chem.* 272: 13437-13445.

Dale, J.A.et Mosher, H.S. (1973) Nuclear Magnetic Resonance Enantiomer Reagents. Configurational Correlations via Nuclear Magnetic resonance Chemical Shifts of Diastereomeric Mandelate, O-Methylmandelate, and a-Methoxy-atrifluoromethylphenylacetate (MTPA) Esters. *J Am Chem Soc.* 95: 512-519.

Davies, C.S., Pudney, M., Matthews, P.J.et Sinden, R.E. (1989) The causal prophylactic activity of the novel hydroxynaphtoquinone 566C80 against *Plasmodium berghei* infections in rats. *Acta Leiden.* 58: 115-128.

Davies, C.S., Suhrbier, A.S., Winger, L.A.et Sinden, R.E. (1989) Improved techniques for the culture of the liver stages of *Plasmodium berghei* and their relevance to the study of causal prophylactic drugs. *Acta Leiden.* 58: 97-113.

De Candoll, A. (1901) *Plantae Madagascarienses ab Alberto Mocquerysio lectae. Bulletin de l'Herbier Boissier N°6* 1: 549-587.

Dekker, T.G., Fourie, T.G., Matthee, E.et Snyckers, F.O. (1988) A morphinan alkaloid from *Antizoma augustifolia. J Nat Prod.* 51: 584.

Deng, J.Z. (1992) A morphinane alkaloid from roots of *stephania cepharantha. Phytochemistry* 31: 1448-1450.
Deng, J.Z., Zhao, S.X., Lu, T.et Lou, F.C. (1991) An artifact bisbenzylisoquinoline alkaloid from the root of *Stephania tetrandra. Chinese Chemical Letters* 2: 231-232.

Desjardins, R.E., Canfield, C.J., Hayenes, J.D.et Chulay, J.D. (1979) Quantitative assesment of antimalarial activity *in vitro* by a semi-automated microdilution technique. *AAC* 16: 710-718.

Diels, L. (1931) Menispermaceae. *Catalogue des Plantes de Madagascar* 6: 1-9.
do Ceu de Madureira, M., Martins, A.P., Gomes, M., Paiva, J., Proença da Cunha, A.et do Rosario, V. (2002) Antimalarial activity of medicinal plants used in traditional medicine in S. Tome and Principe islands. *J Ethnopharmacol.* 81: 23-29.

Doby, J.M.et Barker, R. (1976) Essais d'obtention *in vitro* des formes préérythrocytaires de *Plasmodium vivax* en cultures de cellules hépatiques humaines inoculées par sporozoïtes. *C R Soc Biol.* 170: 661-665.

Dondorp, A., Nosten, F., Stepniewska, K., Day, N.et White, N.J. (2005) Artesunate *versus* quinine for treatment of severe *falciparum* malaria: a randomized trial. *Lancet* 366: 717-725.

Dorn, A., Stoffel, R., Matile, H., Bubendorf, A.et Ridley, R.G. (1995) Malaria haemozoin/ß-haematin supports haem polymerisation in the absence of protein. *Nature* 374: 269-271.

Douthwaite, S. (1992) Functional interactions with 23S rRNA involving the peptidyltransferase center. *J Bacteriol.* 174: 1333-1338.
Dupetit-Thouars, A. (1885) N°57. *Bulletin Mensuel de la Société Linnéenne de Paris* 1: 456.

Eckstein-Ludwig, U., Webb, R.J., Van Goethem, I.D.A., East , J.M., Lee, A.G., Kimura, M., O'Neill, P.M., Bray, P.G., Ward, S.A.et Krishna, S. (2003) Artemisinins target the SERCA of *Plasmodium falciparum*. *Nature* 424: 957-961.

Egan, T.J., Ross, D.C.et Adams, P.A. (1994) Quinoline anti-malarial drugs inhibit spontaneous formation of ß-haematin (malaria pigment). *FEBS Lett.* 352: 54-57.

Ellis, D.S., Li, Z.L., Gu, H.M., Peters, W., Robinson, B.L., Tovey, G.et Warhurst, D.C. (1985) The chemotherapy of rodent malaria, XXXIX. Ultrastructural changes following treatment with artemisinine of *Plasmodium berghei* infection in mice, with observations of the localization of [3H]-dihydroartemisinine in *P. falciparum in vitro*. *Ann Trop Med Parasitol.* 79: 367-374.

Eyles, D.E.et Coatney, G.R. (1962) Effect of certain drugs on exoerythrocytic parasites of *Plasmodium cynomolgi*. *Am J Trop Med Hyg.* 11: 175-185.

Fairley, N.H. (1945) Chemotherapeutic suppression and prophylaxis in malaria. An experimental investigation undertaken by research teams in Australia. *Trans R Soc Trop Med Hyg.* 38: 311-365.

Fawaz, G.et Haddad, F.S. (1951) The effect of lapinone (M-2350) on *P. vivax* infection in man. *Am J Trop Med Hyg.* 31: 569-571.

Fenteany, G., Standaert, R.F., Lane, W.S., Choi, S., Corey, E.J.et S.L., S. (1995) Inhibition of proteasome activities and subunit-specific amino-terminal threonine modification by lactacystin. *Science* 268: 726-731.

Ferreiro, M.J., Latypov, S.K., Quinoa, E.et Riguera, R. (1996) Determination of the absolute configuration and enantiomeric purity of chiral primary alcohols by 1H NMR of 9-anthrylmethoxyacetates. *Tetrahedron: Asymmetry* 7: 2195-2198.

Fieser, L.F., Berliner, E., Bondhus, F.J., Chuang, F.C., Dauben, W.G.et Etlinger, M.G. (1948) Naphtoquinone antimalarials. *J Am Chem Soc.* 70: 3151-3244.

Fisk, T.L., Millet, P., Collins, W.E.et Nguyen-Dinh, P. (1989) *In vitro* activity of antimalarial compounds on the exoerythrocytic stages of *Plasmodium cynomolgi* and *P. knowlesi. Am J Trop Med Hyg.* 40: 235-239.

Foth, B.J., Ralph, S.A., Tonkin, C.J., Struck, N.S., Fraunholz, M., Roos, D.S., Cowman, A.F.et McFadden, G.I. (2003) Dissecting apicoplast targeting in the malaria parasite *Plasmodium falciparum*. *Science* 299: 705-708.

François, G., Timperman, G., Steenackers, T., Aké Assi, L., Holenz, J.et Bringmann, G. (1997) In vitro inhibition of liver forms of the rodent malaria parasite *Plasmodium berghei* by naphtylisoquinoline alkaloids - structure-activity relationships of dioncophyllines A and C and ancistrocladine. *Parasitol Res.* 83: 673-679.

François, G., Timperman, G., Holenz , J., Aké Assi, L., Geuder, T., Maes, L., Dubois, J., Hanocq, M.et G., B. (1996) Naphthylisoquinoline alkaloids exhibit strong growth inhibiting activities against *Plasmodium falciparum* and *P. berghei in vitro*. Structureactivity relationship of dioncophylline C. *Ann Trop Med Parasitol.* 90: 115-123.

François, G., Steenackers, T., Timperman, G., Aké Assi, L., Haller, R.D., Bar, S., Isahakia, M.A., Robertson, S.A., Zhao, C., De Souza, N.J., Holenz, J.et Bringmann, G. (1997) Retarded development of exoerythrocytic stages of the rodent malaria parasite *Plasmodium berghei* in human hepatoma cells by extracts from Dioncophyllaceae and Ancistrocladaceae species. *Int J Parasitol.* 27: 29-32.

Franke-Fayard, B., Trueman, H., Ramesar, J., Mendoza, J., van der Keur, M., van der Linden, R., Sinden, R.E., Waters, A.P.et Janse, C.J. (2004) A *Plasmodium berghei* reference line that constitutively expresses GFP at a high level throughout the complete life cycle. *Mol Biochem Parasitol.* 137: 23-33.

Frappier, F., Jossang, A., Soudon, J., Calvo, F., Rasoanaivo, P., Ratsimamanga-Urverg, S., Saez, J., Schrevel, J.et Grellier, P. (1996) Bisbenzylisoquinolines as modulators of chloroquine resistance in *Plasmodium falciparum* and multidrug resistance in tumor cells. *AAC* 40: 1476-1481.

Frevert, U. (1993) Malaria circumsporozoite protein binds to heparan sulfate proteoglycans associated with the surface membrane of hepatocytes. *J Exp Med.* 177: 1287-1298.

Fry, M.et Pudney, M. (1992) Site of action of the antimalarial hydroxynaphthoquinone, 2-[*trans*-4-(4'-chlorophenyl)cyclohexyl]-3-hydroxy-1,4-naphtoquinone (566C80). *Biochem Pharmacol.* 43: 1545-1553.

Fryauff, D., Baird, J., Basri, H., Sumawinata, I., Purnomo, R.T., Ohrt, C.et al., e. (1995) Randomised placebo-controlled trial of primaquine for prophylaxis of falciparum and vivax malaria. *Lancet* 346: 1190-1193.

Gantt, S.M., Myung, J.M., Briones, M.R.S., Li, W.D., Corey, E.J., Omura, S., Nussenzweig, V.et Sinnis, P. (1998) Proteasome inhibitors block developement of *Plasmodium* spp. *AAC* 42: 2731-2738.

Gingras, B.A.et Jensen, J.B. (1992) Activity of azithromycin (CP-62993) and erythromycin against chloroquine sensitive and chloroquine resistant strains of *Plasmodium falciparum in vitro. Am J Trop Med Hyg.* 47: 378-383.

Goma, J., Renia, L., Miltgen, F.et D., M. (1995) Effects of iron deficiency on the hepatic development of *Plasmodium yoelii. Parasite* 2: 351-356.

Gordeuk, V.R., Thuma, P.E., Brittenham, G.M., Biemba, G., Zulu, S., Simwanza, G., Kalense, P., M'Hango, A., Parry, D.et Poltera, A.A. (1993) Iron chelation as a chemotherapeutic strategy for *falciparum* malaria. *Am J Trop Med Hyg.* 48: 193-197.
Greenwood, B.M., Bojang, K., Whitty, C.J.M.et Targett, G.A.T. (2005) Malaria. *Lancet* 365: 1487-1494.

Greenwood, D. (1995) Conflicts of interest: the genesis of synthetic antimalarial agents in peace and war. *J Antimicrob Chemother.* 36: 857-872.

Guguen-Guillouzo, C., Campion, J.P., Brissot, P., Glaise, D., Launois, B., Bourel, M.et Guillouzo, A. (1982) High yield preparation if isolated human adult hepatocytes by enzymatic perfusion of the liver. *Cell Biol Int Rep.* 6: 625-628.

Harada, N., Iwabushi, J., Yokota, Y.et Uda, H. (1981) A chiroptical method for determining the absolute configuration of allylic alcohols. *J Am Chem Soc.* 103: 5590-5591.

Harvey, A. (2004) The place of natural products in drug discovery. *DrugPlus International* 3: 6-8.

Hay, S.I., Guerra, C.A., Tatem, A.J., Noor, A.M.et Snow, R.W. (2004) The global distribution and population at risk of malaria: past, present and future. *Lancet Infect Dis.* 4: 327-336.

Hilt, W.et Wolf, D.H. (1996) Proteasomes: destruction as a program. *Trends Biochem Sci.* 21: 96-102.

Hitotsuyanagi, Y., Nishimura, K., Ikuta, H., Takeya, K.et Itokawa, H. (1995) Syntheses of antitumor morphinan alkaloids, sinococuline and 6-epi-, 7-epi-, and 6-epi-7-episinococuline from sinomenine. *J Org Chem.* 60: 4549-4558.

Holding, P.A.et Snow, R.W. (2001) Impact of *Plasmodium falciparum* malaria on performance and learning: review of the evidence. *Am J Trop Med Hyg.* 64: 68-75.
Hollingdale, M.R., Collins, W.E.et Campbell, C.C. (1986) In *vitro* culture of exoerythrocytic parasites of the north korean strain of *Plasmodium vivax* in hepatoma cells. *Am J Trop Med Hyg.* 35: 275-276.

Hollingdale, M.R., Leland, P., Leef, J.L.et Beaudoin, R.L. (1983) The influence of cell type and culture medium on the *in vitro* cultivation of exoerythrocytic stages of *Plasmodium berghei. J Parasitol* 69: 346-352.

Hooker, S.C. (1936) Lomatiol. Part II. Its occurence, constitution, relation to, and conversion into lapachol. Also a synthesis of lapachol. *J Am Chem Soc.* 58: 1181-1190.

Howells, R.E. (1970) The chemotherapy of rodent malaria XIII. Fine structural changes observed in exo-erythrocytic stages of *P. berghei berghei* following exposure to primaquine and menactone. *Ann Trop Med Parasitol.* 64: 203-207.

Hoye, T.R.et Renner, M.K. (1996) Applications of MTPA (Mosher) amides of secondary amines: assignment of absolute configuration in chiral cyclic amines. *J Org Chem.* 61: 8489-8495.

Hudson, A.T., Randall, A.W., Fry, M., Ginger, C.D., Hill, B.et Latter, V.S. (1985) Novel anti-malarial hydroxynaphtoquinones with potent broad spectrum anti-protozoal activity. *Parasitology* 90: 45-55.

Hughes, W., Leoung, G., Kramer, F., Bozette, S.A., Safrin, S., P., F., Clumeck, N., Masur, H., Lancaster, D.et Chan, C. (1993) Comparison of atovaquone (566C80) with trimethoprim-sulfamethoxazole to treat *Pneumocystis carinii* pneumonia in patients with AIDS. *N Engl J Med.* 328: 1521-1527.

Hulier, E., Petour, P., Snounou, G., Nivez, M.P., Miltgen, F., Mazier, D.et Renia, L. (1996) A method for the quantitative assessment of malaria parasite developement in organs of the mammalian host. *Mol Biochem Parasitol.* 77: 127-135.

Humphrey, J.M.et Chamberlin, A.R. (1997) Chemical synthesis of natural product peptides: coupling methods for the incorporation of noncoded amino acids into peptides. *Chem Rev.* 97: 2243-2266.

Itokawa, H. (1995) Isosinococuline, a novel antitumor morphinane alkaloid from *cocculus trilobus. Bioorg Med Chem Lett.* 5: 821-822.

Itokawa, H., Tsuruoka, S., Takeya, K., Mori, N., Sonobe, T., Kosemura, S.et Hamanaka, T. (1987) An antitumor morphinan alkaloid, Sinococuline, from *Cocculus trilobus. Chem Pharm Bull.* 35: 1660-1662.

Jeffery, G.M., Young, M.D.et Eyles, D.E. (1956) The treatment of *Plasmodium falciparum* infection with chloroquine, with a note on infectivity of mosquitoes of primaquine-and pyrimethamine-treated cases. *Am J Trop Med Hyg.* 64: 1-11.

Jefford, C.W. (2001) *Curr Med Chem.* 8: 1803-1826.

Jordan-Villegas, A., Zapata, J.C., Perdomo, A.B., Quintero, G.E., Solarte, Y., Arevalo-Herrera, M.et Herrera, S. (2005) Aotus lemurinus griseimembra monkeys: a suitable model for *Plasmodium vivax* sporozoite infection. *Am J Trop Med Hyg.* 73: 10-15.

Kain, K.C., Shanks, G.D.et Keystone, J.S. (2001) Malaria chemoprophylaxis in the age of drug resistance. I. Currently recommended drug regimens. *Clin Infect Dis.* 33: 226-234.

Kametani, T., Ihara, M., Fukumoto, K.et Yagi, H. (1969) Studies of the syntheses of heterocyclic compounds. Part CCC. Syntheses of salutaridine, sinoacutine and thebaine. Formal total syntheses of morphine and sinomenine. *J Chem Soc. (C)* 2030-2033.

Kashiwaba, N. (1996) New morphinane and hasubanane alkaloids from *S. cepharantha. J Nat Prod.* 59: 476-480.

Kashiwaba, N. (1997) Alkaloidal constituents of the leaves of *S. cepharantha* cultivated in Japan: Structure of Cephasugine, a new morphinan alkaloid. *Chem. Pharm. Bull.* 45: 545-548.

Kashiwaba, N., Morooka, S., Kimura, M., Ono, M., Toda, J., Suzuki, H.et Sano, T. (1996) New morphinan and hasubanane alkaloids from *Stephania cepharantha. J Nat Prod.* 59: 476-480.

King, R.W., Deschaies, R.J., Peters, J.M.et Kirschner, M.W. (1996) How proteolysis drives the cell cycle. *Science* 274: 1652-1659.

Kitamura, M., Isobe, M., Ichikawa, Y.et Goto, T. (1984) Stereocontrolled total synthesis of (-)-Maytansinol. *J Am Chem Soc.* 106: 3252-3257.

Kovacs, J.A. (1992) Efficacy of atovaquone in treatment of toxoplasmosis in patients with AIDS. *Lancet* 340: 637-638.

Kozlowski, L., Stoklosa, T., Omura, S., Wojcik, C., Wojtukiewick, C., Worowski, M.Z.et Ostrowska, H. (2001) Lactacystin inhibits cathepsin A activity in melanoma cell lines. *Tumor Biology* 22: 211-215.

Krotoski, W.A. (1985) Discovery of the hypnozoite and a new theory of malarial relapse. *Trans R Soc Trop Med Hyg.* 79: 1-11.

Krotoski, W.A., Garnham, P.C.C., Bray, R.S., Krotoski, D.M., Killick-Kendrick, R.,

Draper, C.C., Targett, G.A.T.et Guy, M.W. (1982) Observations on early and late postsporozoite tissue stages in primate malaria. I. Discovery of a new latent form of *Plasmodium cynomolgi* (the hypnozoite), and failure to detect hepatic forms within the first 24 hours after infection. *Am J Trop Med Hyg.* 31: 24-35.

Krotoski, W.A., Bray, R.S., Garnham, P.C.C., Gwadz, R.W., Killick-Kendrick, R., Draper, C.C., Targett, G.A.T., Krotoski, D.M., Guy, M.W., Koontz, L.C.et F.B., C. (1982) Observations on early and late post-sporozoite tissue stages in primate malaria. II. The hypnozoite of *Plasmodium cynomolgi bastianellii* from 3 to 105 days after infection, and detection of 36- to- 40 hours pre-erythrocytic forms. *Am J Trop Med Hyg.* 31: 211-225.

Kupchan, S.M., Liepa, A.J., Baxter, R.L.et Hintz, H.P.J. (1973) New alkaloids and related artifacts from *Cyclea peltata*. *J Org Chem.* 38: 1846-1852.
Lambiotte, M., Landau, I., Thierry, N.et Miltgen, F. (1981) Développement de schizontes dans des hépatocytes de rat adulte en culture après infestation *in vitro* par des sporozoites de *Plasmodium yoelii*. *C R Acad Sci III.* 293: 431-433.

Lanners, H.N. (1991) Effect of the 8-aminoquinoline primaquine on culture-derived gametocytes of the malaria parasite *Plasmodium falciparum*. *Parasitol Res.* 77: 478-481.

Latypov, S.K., Seco, J.M., Quinoa, E.et Riguera, R. (1995) Conformational structure and dynamics of arylmethoxyacetates: DNMR spectroscopy and aromatic shielding effect. *J Org Chem.* 60: 504-515.

Latypov, S.K., Seco, J.M., Quinoa, E.et Riguera, R. (1998) Are both the (R)- and the (S)-MPA esters really needed for the assignment of the absolute configuration of secondary alcohols by NMR? The use of a single derivative. *J Am Chem Soc.* 120: 877-882.

Laventure, S., Mouchet, J., Blanchy, S., Marrama, L.et Rabarison, P. (1996) Le riz source de vie et de mort sur les Plateaux de Madagascar. *Cahiers Santé* 6: 79-86.

Lell, B., Faucher, J.F., Missinou, M.A., Borrmann, S., Dangelmaier, O., Horton, J.et Kremsner, P.G. (2000) Malaria chemoprophylaxis with tafenoquine: a randomised study. *Lancet* 355: 2041-2045.

Lepers, J.P., Deloron, P., Fontenille, D.et P., C. (1988) Reappearance of *falciparum* malaria in Central Highland Plateaux of Madagascar. *Lancet* 331: 586.

Lindenthal, C., Weich, N., Chia, Y.S., Heussler, V.et Klinkert, M.Q. (2005) The proteasome inhibitor MLN-273 blocks exoerythrocytic and erythrocytic development of *Plasmodium* parasites. *Parasitology* 131: 37-44.

Liu, Y.G., Wang, Q.M., Xu, Y.Q., Ni, Q.Z.et Ni, Y.C. (2001) Effect of daphnetin on the exo-erythrocytic stage of rodent malaria. *Zhongguo Ji Sheng Chong Xue Yu Ji Sheng Chong Bing Za Zhi* 19: 30-32.

Loeb, R.F., Clarke, W.M., Coateney, G.R., Coggeshall, L.T., Dieuaide, F.R.et Dochez, A.R. (1946) Activity of a new antimalarial agent, chloroquine (SN 7618). *JAMA* 130: 1069-1070.

Looareesuwann, S., Viravan, C., Webster, H.K., Kyle, D.E., Hutchinson, D.B.et Canfield, C.J. (1996) Clinical studies of atovaquone, alone or in combinaison with other antimalarial drugs, for treatment of acute uncomplicated malaria in Thailand. *Am J Trop Med Hyg.* 54: 62-66.

Loyevsky, M., Sacci, J.B., Boehme, P., Weglicki, W., John, C.et Gordeuk, V.R. (1999) *Plasmodium falciparum* and *Plasmodium yoelii*: effect of the iron chelation prodrug dexrazoxane on *in vitro* cultures. *Exp Parasitol.* 91: 105-114.

Lytton, S.D., Mester, B., Libman, J., Shanzer, A.et Cabantchik, Z.I. (1994) Mode of action of iron(III) chelators as antimalarials. II. Evidence for differential effects on parasite iron-dependent nucleic nucleic acid synthesis. *Blood* 84: 910-915.

Mabeza, G., Loyevsky, M., Gordeuk, V.R.et Weiss, G. (1999) Iron chelation therapy for malaria: a review. *Pharmacol Ther.* 81: 53-75.

Mahmoudi, N., Ciceron, L., Franetich, J.F., Farhati, K., Silvie, O., Eling, W., Sauerwein, R., Danis, M., Mazier, D.et Derouin, F. (2003) In vitro activities of 25 quinolones and fluoroquinolones against liver and blood stage *Plasmodium* spp. *AAC* 47: 2636-2639.

Martin, S.K., Oduola, A.M.et Milhous, W.K. (1987) Reversal of chloroquine resistance in *Plasmodium falciparum* by verapamil. *Science* 235: 899-901.

Marussig, M., Motard, A., Rénia, L., Baccam, D., Lebras, J., Charmot, G.et Mazier, D. (1993) Activity of doxycycline against preerythrocytic malaria. *J Infect Dis.* 168: 1603-1604.

Mazier, D., Landau, I., Miltgen, F., Druilhe, P., Lambiotte, M., Baccam, D.et Gentillini, M. (1982) Infestations *in vitro* d'hépatocytes de *Thamnomys* adultes par des sporozoites de *Plasmodium yoelii*: schizogonie et libération de mérozoites infestants. *C R Seances Acad Sci III.* 294: 963-965.

Mazier, D., Landau, I., Druilhe, P., Miltgen, F., Guguen-Guillouzo, C., Baccam, D.,

Baxter, J., Chigot, J.P.et Gentilini, M. (1984) Cultivation of the liver forms of *Plasmodium vivax* in human hepatocytes. *Nature* 307: 367-369.

Mazier, D., Collins, W.E., Mellouk, S., Andrysiak, P.M., Berbiguier, N., Campbell, G.H., Miltgen, F., Bertolotti, R., Langlois, P.et Gentilini, M. (1987) *Plasmodium ovale*: *in vitro* developement of hepatic stages. *Exp Parasitol.* 64: 393-400.

Mazier, D., Beaudoin, R.L., Mellouk, S., Druilhe, P., Texier, B., Trosper, T., Miltgen, F., Landau, I., Paul, C., Brandicourt, O., Guguen-Guillouzo, C., Langlois, P.et Gentilini, M. (1985) Complete development of hepatic stages of *Plasmodium falciparum in vitro*. *Science* 277: 440-442.

McHardy, N., Hudson, A.T., Morgan, D.W.T., Rae, D.G.et Dolan, T.T. (1976) Chemotherapy of *Theileria parva* infection. *Nature* 261: 698-699.

Menachery, M.D.et Cava, M.P. (1981) The alkaloids of *Telitoxicum peruvianum. J Nat Prod.* 44: 320-323.

Menachery, M.D.et Muthler, C.D. (1987) Synthesis of telitoxine. *J Nat Prod.* 50: 726-729.

Meshnick, S.R., Yang, Y.Z., Lima, V., Kuypers, F., Kamchonwongpaisan, S.et Yuthavong, Y. (1993) Iron-dependant free radical generation from the antimalarial agent artemisinin (qinghaosu). *AAC* 37: 1108-1114.

Millet, P., Landau, I.et Peters, W. (1986) *In vitro* testing of antimalarial exoerythrocytic schizontocides in primary cultures of hepatocytes. *Mem Inst Oswaldo Cruz.* 81: 135-141.

Millet, P., Collins, W.E., Fisk, T.L.et Nguyen, D.P. (1988) *In vitro* cultivation of exoerythrocytic stages of the human malaria parasite *Plasmodium malariae. Am J Trop Med Hyg.* 38: 470-473.

Millet, P., Landau, I., Baccam, D., Miltgen, F.et Peters, W. (1985) La culture des schizontes exo-érythrocytaires des *plasmodium* de rongeurs dans des hépatocytes: un nouveau modèle expérimental pour la chimiothérapie du paludisme. *C R Acad Sci III.* 301: 403-406.

Mouchet, J., Laventure, S., Blanchy, S., Fioramonti, R., Rakotonjanabelo, A., Rabarison, P., J., S.et J., R. (1997) The reconquest of the Madagascar highlands by malaria. *Bull Soc Path exot.* 90: 162-168.

Nagai, Y.et Kusumi, T. (1995) New chiral anisotropic reagents for determining the absolute configuration of carboxylic acids. *Tetrahedron Letters* 36: 1853-1856.

Neerja, J.et Puri, S.K. (2004) *Plasmodium yoelii*: activity of azithromycin in combination with pyriméthamine or sulfadoxine against blood and sporozoite induced infections in Swiss mice. *Exp Parasitol.* 107: 120-124.

Nosten, F., van Vugt, M., Price, R., Luxemburger, C., Thway, K.L., Brockman, A., McGready, R., ter Kuile, F., Looareesuwan, S.et N.J., W. (2000) Effects of artesunatemefloquine combinaison on incidence of *Plasmodium falciparum* malaria and mefloquine resistance in western Thailand: a prospective study. *Lancet* 356: 297-302.

Ogino, T., Katsuhara, T., Sato, T., Sasaki, H., Okada, M.et Maruno, M. (1998) New Alkaloids from the roots of *Stephania tetrandra* (Fen-Fang-Ji). *Heterocycles* 48: 311-317.

Ohtani, I., Kusumi, T., Kashman, Y.et Kakisawa, H. (1991) High-Field FT NMR Application of Mosher's Method. The Absolute Configurations of Marine Terpenoids. *J Am Chem Soc.* 113: 4092-4096.

Olliaro, P. (2005) Drug resistance hampers our capacity to roll back malaria. *Clin Infect Dis.* 41: 247-257.

Orjih, A.U., Banyal, H.S., Chevli, R.et Fitch, C.D. (1981) Hemin lyses malaria parasites. *Science* 214: 667-669.

Pazos, Y., Leiro, V., Seco, J.M., Quinoa, E.et Riguera, R. (2004) Boc-phenylglycine: a chiral solvating agent for the assignment of the absolute configuration of amino alcohols and their ethers by NMR. *Tetrahedron: Asymmetry* 15: 1825-1829.

Peters, W.et Robinson, B.L. (1993) The chemotherapy of rodent malaria. LI. Studies on a new 8-aminoquinoline, WR 238,605. *Ann Trop Med Parasitol.* 87: 547-552.

Peters, W., Davies, E.E.et Robinson, B.L. (1975) The chemotherapy of rodent malaria, XXIII. Causal prophylaxis, part II: Practical experience with *Plasmodium yoelii nigeriensis* in drug screening. *Ann Trop Med Parasitol.* 69: 311-328.

Peters, W., Ekong, R., Robinson, B.L., Warhurst, D.C.et W.Q., P. (1990) The chemotherapy of rodent malaria, XLV. Reversal of chloroquine resistance in rodent and human *Plasmodium* by antihistaminic agents. *Ann Trop Med Parasitol.* 84: 541-551.

Pink, R., Hudson, A., Mouries, M.A.et Bendig, M. (2005) Opportunities and challenges in antiparasitic drug discovery. *Nat Rev Drug Discov.* 4: 727-740.

Pirson, P. (1982) Culture of the exoerythrocytic liver stages of *Plasmodium berghei* sporozoites in rats hepatocytes. *Trans R Soc Trop Med Hyg.* 76: 422.

Pollack, S., Rossan, R.N., Davidson, D.E.et Escajadillo, A. (1987) Desferrioxamine suppresses *Plasmodium falciparum* in Aotus monkeys. *Proc Soc Exp Biol Med.* 184: 162-164.

Powell, R.D.et Brewer, G.J. (1967) Effects of pyrimethamine, chlorguanide, and primaquine against exoerythrocytic forms of a strain of chloroquine-resistant *Plasmodium falciparum* from Thailand. *Am J Trop Med Hyg.* 16: 693-698.

Pukrittayakamee, S., Vanijanonta, S., Chantra, A., Clemens, R.et White, N.J. (1994) Blood stage antimalarial efficacy of primaquine in *Plasmodium vivax* malaria. *J Infect Dis.* 169: 932-935.

Puri, S.K.et Singh, N. (2000) Azithromycin: Antimalarial Profile against Blood- and Sporozoite -Induced Infections in Mice and Monkeys. *Exp Parasitol.* 94: 8-14.

Radloff, P.D., Philipps, J., Nkeyi, M., Hutchinson, D.et Kremsner, P.G. (1996) Atovaquone and proguanil for *Plasmodium falciparum* malaria. *Lancet* 347: 1511-1514.

Rasoanaivo, P., Petitjean, A., Ratsimamanga-Urverg, S.et Rakoto-Rastimamanga, A. (1992) Medicinal plants used to treat malaria in Madagascar. *J Ethnopharmacol.* 37: 117-127.

Rasoanaivo, P., Ratsimamanga-Urverg, S., Ramanitrahasimbola, D., Rafatro, H.et Rakoto-Ratsimamanga, A. (1999) Criblage d'extraits de plantes de Madagascar pour recherche d'activité antipaludique et d'effet potentialisateur de la chloroquine. *J Ethnopharmacol.* 64: 117-126.

Rasoanaivo, P., Ramanitrahasimbola, D., Rafatro, H., Rakotondramanana, D., Robijaona, B., Rakotozafy, A., Ratsimamanga-Urverg, S., Labaïed, M., Grellier, P., Allorge, L., Mambu, L.et Frappier, F. (2004) Screening plant extracts of Madagascar for the search of antiplasmodial compounds. *Phytotherapy Research* 18: 742-747.

Rathod, P.K., McErlean, T.et Lee, P.C. (1997) Variations in frequencies of drug resistance in *Plasmodium falciparum*. *Proc Natl Acad Sci. USA* 94: 9389-9393.

Ratsimamanga-Urverg, S., Rasoanaivo, P., Ramiaramanana, L., Milijaona, R., Rafatro, H., Verdier, F., Rakoto-Rastimamanga, A.et Le Bras, J. (1992) *In vitro* antimalarial activity and chloroquine potentiating action of two bisbenzylisoquinoline enantiomer alkaloids isolated from *Strychnopsis thouarsii* and *Spirospermum penduliflorum*. *Planta Med.* 58: 540-543.

Raventos-Suarez, C., Pollack, S.et Nagel, R.L. (1982) *Plasmodium falciparum*: inhibition of in vitro growth by desferrioxamine. *Am J Trop Med Hyg.* 31: 919-922.

Reeve, P.A., Toaliu, H., Kanekoa, A., Hall, J.J.et Ganezakowski, M. (1992) Acute intravascular haemolysis in Vanuatu following a single dose of primaquine in individuals with glucose-6-phosphate dehydrogenase-deficiency. *Am J Trop Med Hyg.* 95: 349-351.

Rénia, L., Mattei, D., Goma, J., Pied, S., Dubois, P., Miltgen, F., Nussler, A., Matile, H., Ménégaux, F., Gentiliny, M.et Mazier, D. (1990) A malaria heat shock like determinant expressed on the infected hepatocyte surface is the target of antibody-dependant cellmediated cytotoxic mechanisms by non parenchymal liver cells. *Eur J Immunol.* 20: 1445-1449.

Rieckmann, K.H., McNamara, J.V., Kass, L.et Powell, R.D. (1969) Gametocidal and sporontocidal effects of primaquine upon two strains of *Plasmodium falciparum. Mil Med.* 134: 802-819.

Rock, K.L., Gramm, C., Rothstein, L., Clark, K., Stein, R., Dick, L., Hwang, D.et Goldberg, A.L. (1994) Inhibitors of the proteasome block the degradation of most cell proteins and the generation of peptides presented on MHC class I molecules. *Cell* 78: 761-771.

Rogan, A.M., Hamilton, T.C., Young, R.C., Klecker, R.W.J.et Ozols, R.F. (1984) Reversal of adriamycin resistance by verapamil in human ovarian cancer. *Science* 224: 994-996.

Rogier, C., Brau, R., Tall, A., Cisse, B.et Trape, J.F. (1996) Reducing the oral quininequinidine-inchonin (Quinimax) treatment of uncomplicated malaria to three days does not increase the recurrence of attaks among children living in a highly endemic area of Senegal. *Trans R Soc Trop Med Hyg.* 90: 175-178.

Rombo, L., Edwards, G., Ward, S.A., Eriksson, B., Lindquist, L., Lindberg, A., Runehagen, A., Bjorkman, A.et Hylander, N.O. (1987) Seven patients with relapses of *Plasmodium vivax* or *P. ovale* despite primaquine treatment. *Trop Med Parasitol.* 38: 49-50.

Sacci, J.B.et Azad, A.F. (2002) Gene expression analysis during liver stage development of *Plasmodium. Int J Parasitol.* 32: 1551-1557.

Saxena, S., Pant, N., Jain, D.C.et Bhakuni, R.S. (2003) Antimalarial agents from plant sources. *Curr Sci.* 85: 1314-1329.

Schmidt, L.H. (1983) Appraisals of compounds of diverse chemical classes for capacities to cure infections with sporozoites of *Plasmodium cynomolgi*. *Am J Trop Med Hyg*. 32: 231-257.

Schmidt, L.H.et Coatney, G.R. (1955) Review of the investigations in malaria chemotherapy (U.S.A.) 1946 to 1954. *Am J Trop Med Hyg* 4: 208-216.

Schuster, B.G. (2001) A new integrated program for natural product development and the value of an ethnomedical approach. *J Altern Complement Med* 7: 61-72.
Seco, J.M., Quinoa, E.et Riguera, R. (1999) 9-anthrylmethoxyacetic acid esterification shifts-correlation with the absolute stereochemistry of secondary alcohols. *Tetrahedron*55: 569-584.

Seco, J.M., Quinoa, E.et Riguera, R. (1999) Boc-phenylglycine: the reagent of choice for the assignment of the absolute configuration of alpha-chiral primary amines by 1H NMR spectroscopy. *J Org Chem*. 64: 4669-4675.

Seco, J.M., Quinoa, E.et Riguera, R. (2004) The assignment of absolute configuration by NMR. *Chem Rev*. 104: 17-117.

Semblat, J.P., Silvie, O., Franetich, J.F., Hannoun, L., Eling, W.et Mazier, D. (2002) Laser capture microdissection of *Plasmodium falciparum* liver stages for mRNA analysis. *Mol Biochem Parasitol*. 121: 179-183.

Shanks, G.D., Oloo, A.J., Aleman, G.M., Ohrt, C., Klotz, F.W., Braitman, D.J., Horton, J.et Brueckner, R. (2001) A new primaquine analogue, tafénoquie (WR 238605), for prophylaxis against *Plasmodium falciparum* malaria. *Clin Infect Dis*. 33: 1968-1974.

Shao, B.et Ye, X. (1991) Tissue schizontocidal effect of trifluoroacetyl primaquine in *Plasmodium yoelii* infected mice and *Plasmodium cynomolgi* infected monkeys. *Southeast Asian J Trop Med Public Health* 22: 81-83.

Shmuklarsky, M.J., Boudreau, E.F., Pang, L.W., Smith, J.I., Schneider, I., Fleckenstein, L., Abdelrahim, M.M., Canfield, C.J.et Schuster, B. (1994) Failure of Doxycycline as a Causal Prophylactic Agent against *Plasmodium falciparum* Malaria in Healthy Nonimmune Volunteers. *Ann Intern Med*. 120: 294-299.

Shortt, H.E.et Garnham, P.C.C. (1948) Pre-erythrocytic stage in mammalian malaria parasites. *Nature* 161: 126.

Shortt, H.E., Fairley, N.H., Covell, G., Shute, P.G.et Garnham, P. (1951) The preerythrocytic stage of *Plasmodium falciparum*. *Trans R Soc Trop Med Hyg*. 44: 405-419.

Silvie, O., Rubinstein, E., Franetich, J.F., Prenant, M., Belnoue, E.et Rénia, L. (2003) Hepatocyte CD81 is required for *Plasmodium falciparum* and *Plasmodium yoelii* sporozoite infectivity. *Nat Med.* 9: 93-96.

Silvie, O., Franetich, J.F., Charrin, S., Mueller, M.S., Siau, A., Bodescot, M., Rubinstein, E., Hannoun, L., Charoenvit, Y., Kocken, C.H., Thomas, A.W., van Gemert, G.J., Sauerwein, R.W., Blackman, M.J., Anders, R.F., Pluschke, G.et Mazier, D. (2004) A role for apical membrane antigen 1 during invasion of hepatocytes by *Plasmodium falciparum* sporozoites. *J Biol Chem.* 279: 9490-9496.

Sinden, R.E.et Smith, J. (1980) Culture of the liver stage (exoerythrocytic schizonts) of rodent malaria parasites from sporozoites *in vitro*. *Trans R Soc Trop Med Hyg.* 74: 134-136.

Singh, N.et Puri, S.K. (1998) Causal prophylactic activity of antihistaminic agents against *Plasmodium yoelii nigeriensis* infection in Swiss mice. *Acta Tropica* 69: 255-260.

Skiles, J.W.et Cava, M.P. (1979) Subsessiline: structure revision and synthesis. *J Org Chem.* 44: 409-412.

Slavik, J.et Dolejs, L. (1973) Alkaloids of the Papaveraceae. LII. The constitution of escholinine and the identity of esholine with magnoflorine. *Collect Czech Chem Commun.* 30: 3061.

Smith, J.E., Meiss, J.F.G.M., Ponnudurai, T., Verhave, J.P.et Moshage, H.J. (1984) *In vitro* culture of exoerythrocytic forms of *Plasmodium falciparum* in adult human hepatocytes. *Lancet* 757-758.

Smoak, B.L., De Fraites, R.F., Magill, A.J., Kain, K.C.et Wellde, B.T. (1997) *Plasmodium vivax* infections in U.S. Army troops: failure of primaquine to prevent relapse in studies from Somalia. *Am J Trop Med Hyg.* 56: 231-234.

Srivastava, I.K.et Vaidya, A.B. (1999) A Mechanism for the synergistic antimalarial action of atovaquone and proguanil. *AAC* 43: 1334-1339.

Srivastava, I.K., Rottenberg, H.et Vaidya, A.B. (1997) Atovaquone, a broad spectrum antiparasitic drug, collapses mitochondrial membrane potential in a malarial parasite. *J Biol Chem.* 272: 3961-3966.

Stahel, E., Mazier, D., Guillouzo, A., Miltgen, F., Landau, I., Mellouk, S., Beaudoin, R.L., Langlois, P.et Gentilini, M. (1988) Iron chelators: *in vitro* inhibitory effect on the liver stage of rodent and human malaria. *Am J Trop Med Hyg.* 39: 236-240.

Stefanelli, C., Bonavita, F., Stanic, I., Pignatti, C., Farruggia, G., Masotti, L., Guarnieri, C.et Caldarera, C.M. (1998) Inhibition of etoposide-induced apoptosis with peptide aldehyde inhibitors of proteasome. *The Biochemical Journal* 332: 661-665.

Strome, C.P.A., de Santis, P.L.et Beaudoin, R.L. (1979) The cultivation of the exoerythrocytic stage of *Plasmodium berghei* from sporozoites. *In vitro* 15: 531-536.

Suh, K.N., Kain, K.C.et Keystone, J.S. (2004) Malaria. *CMAJ* 170: 1693-1701.

Sullivan, G.R., Dale, J.A.et Mosher, H.J.O.C., 38, 2143-47. (1973) Correlation of configuration and 19F chemical shifts of alpha-methoxy-alphatrifluoromethylphenylacetate derivatives. *J Org Chem*. 38: 2143-2147.

Takahashi, H., Iwashima, M.et Iguchi, K. (1999) Determination of absolute configuration of beta- or gamma-methyl substituted secondary alcohols by NMR spectroscopy. *Tetrahedron Letters* 40: 333-336.

Takei, M., Fukuda, H., Kishii, R.et Hosaka, M. (2001) Target preference of 15 quinolones against *Staphylococcus aureus*, based on antibacterial activities and target inhibition. *AAC* 45: 3544-3547.

Takeo, S., Kokaze, A., Ng, C.S., Mizuchi, D., Watanabe, J.I., Tanabe, K., Kojima, S.et Kita, K. (2000) Succinate deshydrogenase in *Plasmodium falciparum* mitochondria: molecular characterization of the SDHA and SDHB genes for the catalytic subunits, the flavoprotein (Fp) and iron-sulfur (Ip) subunits. *Mol Biochem Parasitol*. 107: 191-205.

Trager, W.et Jensen, J.B. (1976) Human malaria parasites in continuous culture. *Science* 193: 673-675.

Tran, T.H., Dolecek, C., Pham, P.M., Nguyen, T.D., Nguyen, T.T., Le, H.T., Dong, T.H., Tran, T.T., Stepniewska, K., White, N.J.et Farrar, J. (2004) Dihydroartemisininpiperaquine against multidrug-resistant *Plasmodium falciparum* malaria in Vietnam: randomised clinical trial. *Lancet* 363: 18-22.

Trost, B.M., Belletire, J.L., Godleski, S., McDougal, P.G.et Balkovec, J.M. (1986) On the use of the *O*-Methylmandelate Ester for Establishment of Absolute Configuration of Secondary Alcohols. *J Org Chem*. 51: 2370-2374.

Valecha, N., Adak, T., Bagga, A.K., Asthana, O.P., Srivastava, J.S., Joshi, H.et Sharma, V.P. (2001) Comparative antirelapse efficacy of CDR1 compound 80/53 (Bulaquine) vs primaquine in double blind clinical trial. *Curr Sci*. 80: 561-563.

Van Riemsdijk, M.M., Ditters, J.M., Sturkenboom, M.C., Tulen, J.H., Ligthelm, R.J., Overbosch, D.et Stricker, B.H. (2002) Neuropsychiatric events during prophylactic use of mefloquine before travelling. *Eur J Clin Pharmacol.* 58: 441-445.

Van Vugt, M., Looareesuwan, S., Wilairatana, P., McGready, R., Villegas, L., Gathmann, I., Mull, R., Brockman, A., White, N.J.et Nosten, F. (2000) Artemetherlumefantrine for the treatment of multidrug-resistant *falciparum* malaria. *Trans R Soc Trop Med Hyg.* 94: 545-548.

Vigneron, M., Deparis, X., Deharo, E.et Bourdy, G. (2005) Antimalarial remedies in French Guiana: a knowledge attitudes and practices study. *J Ethnopharmacol.* 98: 351-360.

Walsh, D.S., Wilairatana, P., Tang, D.B., Heppner, D.G., Brewer, T.G., Krudsood, S., Silachamroon, U., Phumratanaprapin, W., Siriyanonda, D.et Looareesuwan, S. (2004) Randomized trial of 3-dose regimens of tafenoquine (WR238605) versus low-dose primaquine for preventing *Plasmodium vivax* malaria relapse. *Clin. Infect. Dis.* 39: 1095-1103.

Walsh, D.S., Looareesuwan, S., Wilairatana, P., Heppner, D.G., Tang, D.B., Brewer, T.G., Chokejindachai, W., Viriyavejakul, P., Kyle, D.E., Milhous, W.K., Schuster, B.G., Horton, J., Braitman, D.J.et R.P., B. (1999) Randomised dose-ranging study of the safety and efficacity of WR 238605 (Tafenoquine) in the prevention of relapse of *Plasmodium vivax* malaria in Thailand. *J Infect Dis.* 180: 1282-1287.

Warhurst, D.C. (1987) Cinchona alkaloids and malaria. *Acta leiden* 55: 53-64.

Weissig, V., Vetro-Widenhouse, T.S.et Rowe, T.C. (1997) Topoisomerases II inhibitors induce cleavage of nuclear and 35-kb plastid DNAs in the malarial parasite *Plasmodium falciparum. DNA Cell Biol.* 16: 1483-1492.

Wendel, W.B. (1946) The influence of naphtoquinones upon the respiratory and carbohydrate metabolism of malarial parasites. *Fed Proc.* 5: 406-407.

White, N.J. (1997) Assessment of the pharmacodynamic properties of antimalarial drugs *in vivo. AAC* 41: 1413-1422.

WHO. (2002) *World Health Report*

Witney, A.A., Doolan, D.L., Anthony, R.M., Weiss, W.R., Hoffman, S.L.et Carucci, D.J. (2001) Determining liver stage parasite burden by real time quantitative PCR as a method for evaluating pre-erythrocytic malaria vaccine efficacy. *Mol Biochem Parasitol.*118: 233-245.

Yabuuchi, T.et Kusumi, T. (2000) Phenylglycine methyl ester, a useful tool for absolute configuration determination of various chiral carboxylic acids. *J Org Chem.* 65: 397-404.

Yang, Y., Ranz, A., Pan, H.Z., Zhang, Z.N., Lin, X.B.et Meshnick, S.R. (1992) Daphnetin: a novel antimalarial agent with *in vitro* and *in vivo* activity. *Am J Trop Med Hyg.* 46: 15-20.

Ye, Z.G., Van Dyke, K.et Castranova, V. (1989) The potentiating action of tetrandrine in combination with chloroquine or qinghaosu against chloroquine-sensitive and resistant falciparum malaria. *Biochem Biophys Res Commun.* 165: 758-765.

Zapata, J.C., Perlaza, B.L., Hurtado, S., Quintero, G.E., Jurado, D., Gonzalez, I., Druilhe, P., Arevalo-Herrera, M.et Herrera, S. (2002) Reproductible infection of intact *Aotus lemurinus griseimembra* monkeys by *Plasmodium falciparum* sporozoite inoculation. *J Parasitol* 88: 723-729.

Zuang, V. (2001) The neutral red release assay: a review. *Altern. Lab. Anim.* 29: 575-599.

Zuegge, J., Ralph, S.A., Schmuker, M., McFadden, G.I.et Schneider, G. (2001) Deciphering apicoplast targeting signals feature extraction from nuclear-encoded precursors of *Plasmodium falciparum* apicoplast proteins. *Gene* 280: 19-26.

ANNEXES

ANNEXE 1
International Patent Application N°. PCT/EP 2005/005239; filed on April 21, 2005
Applicant: **UNIVERSITE PIERRE ET MARIE CURIE (PARIS VI)**
Title : « **Alkaloids compounds and their use as anti-malarial drugs** »
Inventors: **CARRAZ Maëlle, JOSSANG Akino, RASOANAIVO Philippe, FRANETICH Jean-François, JOYEAU Roger, FRAPPIER François, MAZIER Dominique**
Priority : **Europe N°. 04 291 055.4** of April 22, 2004
Ernest Gutmann – Yves Plasseraud S.A. Conseils en Propriété Industrielle

ANNEXE 2
Abréviations
AcOEt : acétate d'éthyle
ACT : artemisinin-based combinaison therapy
ADN : acide désoxyribonucléique
ap : anti-périplanaire
ARNr : acide ribonucléique ribosomal
ARNt : acide ribonucléique de transfert
BPG : boc-phénylglycine
CC : chromatographie sur colonne
CCMp : chromatographie sur couche mince préparative
CDCl$_3$: chloroforme deutéré
CD$_3$OD : méthanol deutéré
CH$_2$Cl$_2$: dichlorométhane
CI$_{50}$: concentration inhibitrice à 50%
COSY : correlation spectroscopy
Cq : carbone quaternaire
CQ : chloroquine
d : doublet
DC : dichroïsme circulaire
dd : doublet de doublet
DHFR : dihydrofolate réductase
DHPS : dihydroptéroate synthétase
DMF : diméthylformamide
DMSO : diméthylsulfoxide
ESI : ionisation par électrospray
Ex : extrait
FITC : isothiocyanate de fluorescéine
G$_6$PD: glucose-6-phosphate déshydrogénase
GRP : globules rouges parasités
HMBC : heteronuclear multiple bond correlation

HOBt : hydroxybenzotriazole
HSQC : heteronuclear single quantum coherence
HSP : heat shock protein
IMRA : institut malgache de recherches appliquées
IS : index de sélectivité
J : constante de couplage (RMN)
m : multiplet
MeOH : méthanol
MPA : acide méthoxyphénylacétique
MTPA : acide méthoxytrifluorométhylphénylacétique
NOESY : nuclear Overhause effect spectroscopy
Pf : plasmodium falciparum
Ph : phényle
ppm : parties par millions
PPTS : *p*-toluènesulfonate de pyridinium
Py : plasmodium yoelii
PyBOP : benzotriazol-1-yloxy tripyrrolidinophosphonium hexafluorophosphate
q : quadruplet
Q-PCR : quantitative polymerase chain reaction
RMN : résonance magnétique nucléaire
s : singulet
SAR : relations structure-activité
sp : syn-périplanaire
spz : sporozoïte
t : triplet
TC$_{50}$: concentration toxique à 50%

www.ingramcontent.com/pod-product-compliance
Lightning Source LLC
Chambersburg PA
CBHW021101210326
41598CB00016B/1287